U0338737

《河北省渤海粮仓科技示范工程》系列丛书

河北省渤海粮仓科技示范工程

——成果转化与基地建设

· 李元迎　李万贵　主编 ·

中国农业科学技术出版社

图书在版编目（CIP）数据

河北省渤海粮仓科技示范工程. 成果转化与基地建设 / 李元迎，李万贵主编 . —北京：中国农业科学技术出版社，2019.5

（《河北省渤海粮仓科技示范工程》系列丛书）

ISBN 978-7-5116-4172-4

Ⅰ . ①河… Ⅱ . ①李…②李… Ⅲ . ①低产土壤-粮食作物-高产栽培-栽培技术-研究-沧州 Ⅳ . ①S51

中国版本图书馆 CIP 数据核字（2019）第 082570 号

责任编辑	徐定娜　周丽丽
责任校对	贾海霞

出 版 者	中国农业科学技术出版社
	北京市中关村南大街 12 号　邮编：100081
电　　话	（010）82105169（编辑室）　（010）82109702（发行部）
	（010）82109709（读者服务部）
传　　真	（010）82106650
网　　址	http://www.CASTP.cn
经 销 者	各地新华书店
印 刷 者	北京建宏印刷有限公司
开　　本	787mm×1 092mm　1/16
印　　张	11.75
字　　数	273 千字
版　　次	2019 年 5 月第 1 版　2019 年 5 月第 1 次印刷
定　　价	60.00 元

《河北省渤海粮仓科技示范工程——成果转化与基地建设》
编 写 人 员

主　　编：李元迎　李万贵

编写人员：（按姓氏笔画排序）

马宝红　马俊永　王亚楠　吕军海　李文生

李文治　李　洁　李　敏　李瑞影　闵文江

张永祥　张红霞　张淑娟　张　翔　张新仕

徐俊杰　郭　伟　黄素芳　阎旭东

《河北省渤海粮仓科技示范工程》系列丛书
编写说明

渤海粮仓科技示范工程是由科技部、中国科学院联合河北、山东、辽宁、天津等省市共同实施的国家科技支撑计划项目。河北省是项目实施的主要区域，覆盖面积占总面积的 60%，涉及沧州、衡水、邢台、邯郸 4 市和曹妃甸区共计43 个县（市），耕地面积 3 387 万亩（1 亩 ≈ 667 m²，1 hm² = 15 亩。全书同），占全省耕地面积的 34%。河北省政府依托科技部项目实施了河北省渤海粮仓科技示范工程，将其作为河北省战略性增粮工程，连续 5 年将该项工作写入省委"一号文件"和政府工作报告。

该示范工程共组织了包括中国科学院、中国农业大学、河北省农林科学院、沧州市农林科学院、衡水市农业科学研究院、邢台市农业科学研究院、邯郸市农业科学院、河北省农业技术推广总站、示范县技术站以及相关企业、新型经营主体等 192 家单位参加。工程依照"技术研发、成果转化、示范推广" 3 个层次设立课题，其中，设立技术研发课题 9 个、成果转化课题 110 个、示范推广县 43 个，研发一批关键技术，转化一批科技成果，并在项目区 43 个县大面积示范推广。

项目实施以来，共申请专利 52 项，已获授权 42 项，其中发明专利 8 项；制定地方标准 22 项，软件著作权 4 项；发表学术论文 130 余篇，出版专著 8 部，出版主推技术系列科教片 15 部，培养科研技术骨干、研究生 37 人，培训技术人员、新型经营主体负责人、农民等 5 万人次以上；培育扶植新型经营主体 65 个，扶植企业 96 家。建立百亩试验田 40 个，千亩示范方 110 个，万亩辐射区 95 个，形成技术模式 8 项，转化适用成果 110 项。在沧州、衡水、邯郸、邢台 4 市累计推广 5 197 万亩，增粮 47.6 亿 kg，节水 41.4 亿 m³，节本增效 109 亿元。

2016 年 7 月，河北省渤海粮仓科技示范工程创新团队被中共河北省委、省政府评为"高层次创新团队"，2017 年 1 月，河北省渤海粮仓科技示范工程创新团队获"2016 年度河北十大经济风云人物"创新团队奖。国家最高科学技术奖获得者李振声院士评价河北渤海粮仓项目：技术模式突出，措施有力，成效显著，工作走在了全国前列。

为了记述河北省渤海粮仓科技示范工程实施以来的工作实践和基本经验，我们汇集了工程所取得的成果，分为《河北省渤海粮仓科技示范工程——管理实践与探索》《河北省渤海粮仓科技示范工程——论文汇编》《河北省渤海粮仓科技示范工程——知识产权》《河北省渤海粮仓科技示范工程——新型实用技术》《河北省渤海粮仓科技示范工程——成果转化与基地建设》5 本丛书出版，旨在归纳总结工作，力求为今后重点科技工程项目实施提供一些借鉴。我们对整个工程实施制作了专题片，感兴趣的读者可扫描以下二维码观看。

编　者

2019 年 3 月

目　录

第一部分　新品种示范与推广

·小　麦·

·玉　米·

·其他品种·

第二部分　新技术示范与推广

·耕作与栽培·

·节水灌溉与科学施肥·

·植物保护·

·农机农艺结合与农业机械配套·

第三部分　试验示范基地建设

第一部分
新品种示范与推广

·小　麦·

衡 4399、河农 130 的示范与推广

1. 成果来源与示范推广单位概况

衡 4399：为节水高产类型。来源于河北省农林科学院旱作农业研究所，突出表现为早熟、节水高产。

河农 130：为抗逆丰产类型。来源于河北农业大学，突出表现为多抗高产。

示范推广单位为河北兰德泽农种业有限公司，该公司是集研发、生产、经营于一体的科技机构，主要从事小麦、玉米新品种的培育研究以及小麦、玉米、棉花、花生、大豆的生产经营、示范推广。

2. 主要技术内容

（1）核心技术

节水高产衡 4399 小麦品种和抗逆高产河农 130 小麦品种及栽培技术。

（2）配套技术

① 足墒播种，播后镇压，抗旱、抗寒保苗技术。

② 推迟春一水，水肥配合节水灌溉技术。

③ 增施叶面肥"一喷三防"，防病虫、防干热风增产技术。

3. 组织实施情况与效果

采取示范与繁种、公司与基地县相结合的方法，建立示范基地 15 个，面积 80 150.8 亩（1 亩≈666.7 m²，1 hm²=15 亩，全书同），其中：在衡水、沧州、邢台、邯郸建立衡 4399 千亩示范基地 12 个，面积 63 994.8 亩；在沧州河间、任丘、衡水武强建立河农 130 千亩示范基地 3 个，面积 4 400 亩。在沧州市吴桥县安陵镇 16 个村建立以衡 4399 为主万亩辐射区 1 个，面积 11 806 亩。

衡水武强县街关镇西刘庄村千亩示范方，面积 3 000 亩，中上等地力，水肥一体化灌溉，总灌水量 70 m³/亩，亩产 663.97 kg，比对照鲁原 502 增产 82.31 kg/亩，增产 14.2%，节水 48%。

衡水市深州高庄村千亩示范方，面积 1 100 亩，足墒播种，播后镇压，春季浇水 2 次，亩产 623.7 kg，比对照增产 68 kg，增产 12.2%，节水 33%。

衡水武强县河农 130 示范方 2 000 亩，示范区地力中等，长势良好、整齐一致，应用了播后镇压、抗寒保苗和一喷三防技术。亩浇水 2 次，每次 45 m³，亩产 548.6 kg，

比对照增产 71 kg，增产 14.9%，节水 50%。

吴桥安陵镇万亩辐射区，中等地力，春季浇水 1 次，亩灌水量 55 m³，亩产 562.58 kg，比对照济麦 22 增产 85.5 kg/亩，增产 17.9%，节水 35%。

通过该项技术的实施，示范基地平均亩增产 73.29 kg/亩，总增产 624.4 万 kg，平均节水 46.8 m³/亩，总节水 398.7 万 m³，亩节本增产增效 130～140 元，有效促进了河农 130、衡 4399 系列品种的大面积推广，2015—2016 年衡 4399、衡观 35、衡 4444 连续被列为河北地下水超采治理项目的主导品种。衡 4399、河农 130 品种辐射推广面积 86 万亩，对农民增收、农业增效以及缓解当地干旱缺水对小麦生产的影响发挥了显著作用，提高了科技在生产中的贡献率。

抗旱节水高产冬小麦新品种衡观 35 的示范与推广

1. 成果来源与示范推广单位概况

衡观 35：为节水高产类型。来源于河北省农林科学院旱作农业研究所，突出表现为早熟、节水高产稳产。

示范推广单位为河北兰德泽农种业有限公司。该公司是集研发、生产、经营于一体的科技机构，主要从事小麦、玉米的新品种培育研究以及小麦、玉米、棉花、花生、大豆的生产经营、示范推广。

2. 主要技术内容

（1）核心技术

节水高产衡观 35 小麦品种栽培技术。

（2）配套技术

①足墒播种，播后镇压，抗旱、抗寒保苗技术。

②推迟春一水，水肥配合节水灌溉技术。

③增施叶面肥"一喷三防"，防病虫、防干热风增产技术。

3. 组织实施情况与效果

采取示范与繁种、公司与基地县相结合的方法，建立示范基地 3 个，总面积 44 823 亩。其中建立中心示范基地 1 个，设在邯郸市成安县辛义乡，面积 13 570 亩；建立万亩辐射区 2 个，面积 31 253 亩，其中衡水市安平县黄城乡 12 870 亩；邯郸市馆陶县路桥乡 18 383 亩。

邯郸市成安县辛义乡示范基地，长势良好，整齐一致，地力中等，应用了"播后镇压抗旱、抗寒保苗和一喷三防增产技术，亩浇水 2 次，每次 45m³/亩，亩产 556.4 kg，比对照周麦 16 亩产 487.8 kg 增产 68.6 kg/亩，增产 14.0%，亩节水 45m³，节水 33.3%，节本增产增效 181.4 元（按 2.28 元/ kg，节水 25 元/亩计）。

位于衡水市安平县黄城乡、邯郸市馆陶县路桥乡的两个万亩辐射区面积 31 253 亩，平均亩产 532.6 kg，比当地其他品种增产 54.9 kg，增产 11.5%，节水 33.3%，亩节本增产增效 145.9 元（按 2.28 元/ kg，节水 25 元/亩计）。其中：衡水市安平县黄城乡万亩辐射区 12 870 亩，中等地力，春季限浇水 2 次（45 m³/亩·次），亩产 529.0 kg，比对照品种亩产 473.2 kg 增产 55.8 kg，增产 11.8%，节水 33%，节本增产增效 142.8 元。邯郸市馆陶县路桥乡万亩辐射区 18 383 亩，中等地力，春季限浇水 2 次（45 m³/亩·次），亩产 536.2 kg，比当地生产其他品种亩产 482.1 kg 增产 54.1 kg，增产

11.2%，节水 33.3%，亩节本增产增效 149.0 元。

　　总建成示范基地总面积 4.48 万亩，在限春浇 2 水情况下，亩产 532.6～556.4 kg，亩增产 54.9～68.6 kg，增产 11.5%～14.0%，总增产小麦 264.8 万 kg，节水总量 201.7 万 m³，节水 33.3%，亩节本增产增效 155.9～181.4 元，合计新增社会经济效益 702.2 万元。

　　2017 年衡观 35 品种又被列为河北地下水超采治理项目主导品种，带动辐射推广面积 150 万亩，获新增社会经济效益 2.2 亿元（增产按 2.2 元/ kg，节水 25 元/45 m³·次），为农民增收，农业增效，节水农业的持续发挥了积极的促进作用，进一步提升了农民对节水品种的认识，增强了推广节水品种的信心，加快了小麦产业化进程，带动了区域节水小麦规模化生产。

婴泊700的引进示范

1. 成果来源与示范推广单位概况

小麦新品种"婴泊700"是由河北婴泊种业科技有限公司培育而成，于2012年2月通过河北省农作物品种审定委员会审定（审定编号：冀审麦2012001）。该品种属半冬性中熟品种，适宜河北省中南部冬麦区地块种植。平均生育期243 d，分蘖力强，株型紧凑，叶片较小，旗叶上冲，茎秆壮，茎秆壁较厚，抗逆性强，产量高，品质优，经鉴定抗旱性超过河北省地方标准一级（好）标准。

示范推广单位为邯郸市泰来农业科技有限公司，该公司是一家集农作物种子、繁育生产、试验示范、经营推广于一体的专业企业。

2. 主要技术内容

①保护性耕作技术。
②水肥一体化技术。
③抗旱节水技术。
④与该品种相配套的栽培技术措施。

3. 组织实施情况与效果

婴泊700的引进示范实施面积达到10 800亩，实施地点在馆陶县常尔寨、青阳城、王草场等村。示范方设在常尔寨村，面积1 000亩。

根据小麦品种婴泊700的特征和特性，试验和推广以秸秆还田新技术，深松耕、测土配方施肥、适时晚播、播后强力镇压，推迟浇春一水，一喷综防等综合配套节水高产技术，实行了全生育期控制灌水100m³高产超550 kg的新的节水技术模式。

（1）秸秆还田新技术

示范推广区域发展实施了常规的秸秆还田方法，传统的秸秆还田每片是在玉米收获时单独地用秸秆粉碎机进行粉碎，然后耕翻，其存在的问题：一是秸秆腐熟慢，其释放的养分不充分，在小麦生长过程中出现烧根的现象；二是在腐熟的过程中，吸收较多的氮素，与小麦生长争养分，为了解决这两大问题，示范推广区域推广了秸秆还田新技术，即在秸秆粉碎后撒施秸秆腐熟剂和尿素，每亩用秸秆腐熟剂3 kg，尿素7.5 kg，解决了腐熟慢和争氮素的问题，其效果见下表。

秸秆还田新技术与常规秸秆还田方法的效果对比表

试验处理	秸秆还田时间	小麦播种时间	分蘖期烧根黄苗占比	拔节期土壤有机质含量
秸秆还田新技术	10月12日	10月15日	1.24%	1.46%
常规秸秆还田	10月12日	10月15日	6.32%	1.41%

（2）深松耕技术

示范推广区域大力推广了深松耕技术，推广面积达到8 200亩，另外2 600亩在上年已进行了深松耕，小麦田深松耕生产可多增加蓄水量，改良土壤，培肥地力，提高了小麦的抗旱能力，其具体操作方法：在玉米收获后，选择曲面铲V形铲全方位深松机，对土壤深松30厘米，然后再播种前再旋耕一次进行耙耢播种。深松的效果见下表。

小麦田深松耕与常规旋耕效果对比表

耕作方式	耕深	小麦越冬期土壤含水量（0～20 cm）	拔节期含水量（0～20 cm）	收获期含水量（0～20 cm）
深松耕	30 cm	17.2%	16.8%	17.1%
常规旋耕	12 cm	16.6%	15.2%	16.2%

（3）小麦适期晚播技术

为了实现节水高产，示范推广区域推广了在适播期内推迟播种技术，馆陶县小麦适播期10月5—18日，示范推广区域推广了15日以后播种的技术，其中，10月15—16日播种6 300亩，10月16—18日播种4 500亩，比普通农田晚播6.2 d，做到了适播期内适当播种，由于晚播田土壤水分蒸发时间短，土壤含水量比早播田明显提高。据测定，在小麦越冬期，晚播田比早播田0～20 cm土壤含水量高2.16%，为不浇越冬水奠定了基础。

（4）播后强力镇压技术

在小麦常规栽培管理上，比较普遍的做法是在小麦播种机带一个小型镇压器进行轻度镇压，由于镇压力度小，土壤喧松，跑风透气，失墒快，针对这一问题，示范推广区域推广了小麦播种强力镇压技术，即在小麦播种后2～3 d，用石磙进行强力镇压，有效地碾碎坷垃，踏实土壤，增强种子与土壤的接触度，提高种子出苗率，减少土壤水分蒸发，并且使小麦在不浇越冬水的情况下安全越冬，示范推广区域推广播后强力镇压面积达到9 400亩，占总面积的90%以上，其播后强力镇压的效果见下表。

小麦播后强力镇压与不强力镇压的效果对比表　　　　（单位：%）

镇压方式	出苗率	分蘖期0～20 cm土壤含水量	越冬期0～20 cm土壤含水量	越冬期死苗率
播后强力镇压	82.8	18.1	17.3	2.31
播后不镇压	74.1	17.2	16.3	4.22

（5）小麦测土配方施肥技术

为实现节水和节肥并重的目标，示范推广区域全部推广了测土配方施肥技术。首先对示范推广区域进行测土，共组织 6 名农技人员于 9 月 20—25 日深入示范推广区域田间进行了抽取土样，每 200 亩划分 1 个测土单元，每个单元抽取 5 个土样点，然后混合，示范推广区域共取样 52 个，然后统一到县土肥站进行了化验，化验项目包括土壤有机质、氮、磷、钾、硼、锌、锰、铁等，然后根据土壤化验结果组织 5 名技术专家进行分析综合，确定示范推广区域不同区域的施肥配方，从土壤化验结果看，平均有机质 1.42%，速效氮 82 mg/kg，速效磷 16.8 mg/kg，速效钾 112 mg/kg，硼 0.8 mg/kg，锌 1.1 mg/kg，不同区域差异较明显。根据对比结果，提出了 3 个施肥配方（kg/亩）：高水肥地块全生育期施氮 15，磷 10，钾 5，补锌、硼微肥；中水肥地块全生育期施氮 17，磷 10，钾 6，补锌、硼微肥；次生盐碱地块全生育期施氮 16，磷 10，钾 8，补铁锌微肥。最后根据这些配方指导农民配方施肥，其效果见下表。

小麦田测土配方施肥与常规施肥对比效果表

处理	亩产量（kg/亩）	亩纯收入（元/亩）	肥料投入（kg/亩）
测土配方施肥	568.1	782	29.2
常规施肥	532.2	723	31.4

（6）小麦晚浇春一水技术

示范推广区域推广小麦晚浇春一水技术达到 100%，在常规栽培中，在小麦返青起身期浇春一水，使小麦抗旱能力降低，年后需浇两水，而在示范推广区域推广晚浇春一水技术，不需年后浇一水，亩节水 50 m³ 以上，示范推广区域一般于 4 月 10 日后浇水，比常规栽培对照区晚浇 25 d 左右，并且晚浇春一水的示范推广区域，小麦群体合理，穗粒数增加，抗倒伏能力强，节水效果明显，其效果见下表。

小麦晚浇春一水技术对比效果表

项目处理	亩穗数（个/亩）	穗粒数（个）	千粒重（g）	亩产（kg/亩）
晚浇春一水	43.2	36.1	43	570
早浇春一水	45.1	32.2	42	518

（7）小麦一喷综防技术

为了确保小麦节水高产的效果，示范推广区域推广了"一喷综防技术"即进行了两次一喷综防技术：一是春季喷施除草剂混合生长调节剂，防草防倒伏，二是在 5 月上旬推广杀虫剂、杀菌剂、叶面肥混合喷施技术，防病害、防虫害、防干热风，防病增产效果明显。

以上技术实施以后，经专家测产，婴泊 700 小麦优种比对照衡 4366 品种亩增产 68.4 kg，增产幅度 13.9%；取消浇冻水、灌浆水，亩节水 52 m³，节水 42% 以上；亩节约浇水成本 78 元，10 800 亩示范田节约成本 84.2 万元；10 800 亩小麦可增产 73.87 kg，每千克小麦单价按 2.2 元计算，10 800 亩小麦增收 162.51 万元。

高产、节水小麦新品种冀麦 325 示范与推广

1. 成果来源与示范推广单位概况

冀麦 325 小麦品种来源于河北省农林科学院粮油作物研究所。该品种特征特性：半冬性，全生育期 242 d，比对照品种良星 99 早熟 1 d。幼苗半匍匐，抗寒性好，分蘖力中等，成穗率高。株高 86 cm，茎秆较粗，弹性一般，抗倒性较弱，中后期蜡质变重，穗下节短，旗叶斜上举，多高于穗层，小穗排列较密，穗近长方形，长芒、白壳、白粒，籽粒角质、饱满度较好。抽穗较晚，落黄时间短，熟相中等。亩穗数 44.3 万穗，穗粒数 37.5 粒，千粒重 41.2 g。抗寒性鉴定，抗寒性级别 1 级。抗病性鉴定，慢条锈病，高感叶锈病、白粉病、纹枯病、赤霉病。品质分析，籽粒容重 802 g/L，蛋白质含量 14.36%，湿面筋含量 30.1%，沉降值 24.5 mL，吸水率 56.3%，稳定时间 2.8 min，最大拉伸阻力 147E.U.，延伸性 146 mm，拉伸面积 32 cm²。该品种产量表现：2012—2013 年度参加黄淮冬麦区北片水地组区域试验，平均亩产 532.5 kg，比对照品种良星 99 增产 6.9%；2013—2014 年度续试，平均亩产 621.5 kg，比良星 99 增产 6.6%。2014—2015 年度生产试验，平均亩产 604.0 kg，比良星 99 增产 5.6%。抗旱性鉴定：抗旱指数为 1.199，抗旱性达到了"2 级"（抗旱性强）的标准。

示范推广单位为河北冀丰农业科技有限公司，该公司是河北省农林科学院粮油作物研究所创办的一家农业科技型企业，是院（所）科研成果重要的转化平台。

2. 主要技术内容

①抓好制种基地和品种示范区建设，生产高标准种子，种子质量标准达到克 B4404.1—2008。

②以冀麦 325 抗旱增产配套栽培管理技术为基础，通过开展播期、密度、浇水、施肥等因素对产量的影响研究，建立高产节水示范，总结配套栽培技术，为大面积应用提供技术支撑。

③实施的具体技术措施如下。

足墒播种保苗技术：不管采取洇地造墒还是播后压籽，都要尽量保证足墒，小麦喜欢"胎里富"；播后强力镇压技术：播种后两天内土壤表层墒情适宜时，利用专用镇压器进行镇压作业。

增施底肥壮苗技术：大力推广测土配方施肥技术，高产田应在整地时将磷、钾肥全部底施，底施氮素占全生育期总施氮量的 50%～60%。

适期晚播控旺技术：播期应掌握在 10 月 5—15 日，最佳播期为 10 月 8—12 日。

等行全密种植技术：大力推广种植形式为 12～15 cm 等行距全密种植形式。

秋季防治杂草技术：提倡春草秋治，在三叶期搞好禾本科杂草的防治工作。

小麦安全越冬技术：适时浇好封冻水是确保小麦安全越冬的有效措施。

推迟春一水技术：因苗制宜推迟春一水时间，及时锄划。一般年份春一水在的拔节期进行，免浇返青水，从而达到少浇一水的节水效果。这样既满足小麦生长需要又要控制无效分蘖，促进两级分化，减少养分消耗，对构建合适群体、防止后期倒伏都有积极作用。

搞好后期"一喷综防"：五月下旬，节水麦田要全部采用杀虫、杀菌、叶面肥进行一喷综防，既除治了虫害，又延长了绿叶功能期，效果很好。对提高小麦千粒重，增加产量起到很大的作用。

3. 组织实施情况与效果

通过搞好制种基地建设，健全和完善了良繁体系；建立了试验示范基地，完善配套栽培技术和示范网络体系，实现品种的规模生产和产业化开发，促进渤海粮仓示范推广区域粮食生产的增产和农民的增收。同时为该品种在河北省其他适宜区域种植推广提供技术支撑，为冀麦325新品种大面积应用和产业化生产奠定基础。实施期为2016年9月至2017年9月。

示范推广核心示范区设在宁晋县凤凰镇的北楼下村，示范区在凤凰镇荆里庄村、大王村、小王庄村、石柱村、王村和河渠镇的大召村、马房村、漳北村、北陈村、西里村。核心示范区面积1 000亩，示范区面积10 000亩。

冀麦325示范田全生育期微喷灌水二次，亩灌水总量50 m³。对照品种为济麦22，春灌2水，亩灌水总量100 m³，其他管理措施相同。节灌溉水50%，高产节水性突出。亩增产35 kg，总增产小麦35万kg，每千克按2.4元计算，新增经济效益84万元。辐射区面积6.96万亩。

示范区与当地同期同类品种相比增产、节水效果显著，达到了节本增效的目的。

抗旱节水高产冬小麦新品种衡 4444 示范与推广

1. 成果来源与示范推广单位概况

衡 4444：为节水高产类型小麦，来源于河北省农林科学院旱作农业研究所，2012年河北省审定，突出表现早熟、节水高产稳产。

示范推广单位为吴桥鑫农种业有限公司，该公司主要从事小麦、玉米、棉花等良种的生产与推广，长期以来紧紧围绕本县各乡、镇、村的生产需要进行良种推广和技术服务。

2. 主要技术内容

（1）核心技术
节水高产衡 4444 小麦品种栽培技术。

（2）配套技术
① 足墒播种，播后镇压，抗旱、抗寒保苗技术。
② 推迟春一水，水肥配合节水灌溉技术。
③ 增施叶面肥"一喷三防"，防病虫、防干热风增产技术。

3. 组织实施情况与效果

采取示范与繁种、公司与基地县相结合的方法，在沧州市吴桥县安陵镇建立万亩示范基地 1 个，面积 1.03 万亩。

在限春浇 1 水情况下，平均亩产 536.1 kg，比对照品种增产 56.4 kg，增 11.8%，总增产小麦 58.1 万 kg，节水总量 51.5 万 m³，节水 30% 以上，亩节本增产增效 149.1元，获新增社会经济效益 153.5 万元。

示范推广区域实施为农民增收，农业增效，节水农业的持续发挥了积极的促进作用，进一步提升了农民对节水品种的认识，增强了推广节水品种的信心，加快了小麦产业化进程，带动了区域节水小麦规模化生产。

抗旱品种中麦 12 示范与推广

1. 成果来源与示范推广单位概况

冬小麦品种中麦 12 号是由中国农业科学院作物科学研究所育成的小麦新品种，于 2010 年 9 月 1 日获得《植物新品种权证书》，证书号：第 20103405 号；于 2011 年 3 月审定通过，审定编号：冀审麦 2011006 号。河北蓝鹰种业有限公司于 2014 年 3 月 21 日与中国农业科学院作物科学研究所达成了《中麦 12 转让协议》，由河北蓝鹰种业有限公司独家买断了生产、经营权。主要特征特性：属半冬性中熟品种，生育期 243 d 左右，幼苗半匍匐，叶片深绿色，分蘖力较强。株高 74 cm，穗纺锤形、长芒、白壳、白粒、硬质，籽粒较饱满。抗倒、抗病、抗寒性好。亩穗数 40.9 万穗，穗粒数 31.9 个，容重 790.6 g/L，籽粒粗蛋白（干基）15.25%，沉降值 20.6 mL，湿面筋 35.1%，吸水率 60%，形成时间 3.6 min，稳定时间 2.5 min。抗旱性：河北省农林科学院旱作农业研究所鉴定：抗旱指数 1.112，抗旱二级。

示范推广单位为河北蓝鹰种业有限公司，该公司经营范围以玉米、小麦、棉花、土豆等大田作物为主、其他农作物为辅。该公司拥有包括中麦 12 等多个品种的自主知识产权。

2. 主要技术内容

①小麦抗旱品种"中麦 12 增产节水配套栽培技术"。
②原种、良种的繁殖与示范：建立原种繁殖基地 200 亩，生产原种 10 万 kg 以上；建立良种繁殖基地 5 000 亩，生产良种 250 万 kg 以上。

3. 组织实施情况与效果

实施"百千万"工作法：在南宫市小屯建设原种繁育基地 1 个，面积 200 亩；在邹屯、双庙、城庄建设良种繁育基地 3 个，总面积 5 000 亩；在南宫市邹屯建立"千亩增产节水核心示范方"，通过示范，进一步完善栽培技术，建立节水增产栽培技术模式；在大高村镇和垂杨镇建立"万亩增产节水示范推广田"。

示范区中麦 12 亩产 550 kg，与当地同期同类品种生产效果相比，亩增产 70 kg；抗旱节水性能显著，亩节水 50 m³，亩增收节支 215 元。

邢麦 7 号的示范

1. 成果来源与示范推广单位概况

邢麦 7 号是邢台市农业科学研究院最新育成的小麦新品种，具有中早熟、株型紧凑、抗倒、抗病、耐旱、落黄好等特点。2012 年通过河北省审定，（冀审麦 2012003号），已申请新品种保护（20121267.8）。2008—2009 年度区域试验，平均亩产量524.48 kg，比对照石 4185 增产 7.15%，差异极显著。2013 年经河北省农林科学院旱作农业研究所鉴定，在田间自然干旱和干旱棚模拟干旱情况下，抗旱指数分别达到1.104、1.115，抗旱性强（2 级）。通过该技术的实施可实现与当地推广品种相比，增产、节水分别达到 10%、30% 以上的目标。

示范推广单位为河北省冀科种业有限公司，公司前身是河北省农林科学院冀南科技开发公司、河北省农业综合试验区，拥有包括邢麦 7 号等多个品种的自主知识产权。

2. 主要技术内容

①深耕松土：疏松土壤，加厚耕层，改善土壤的水、气、热状况；熟化土壤，改善土壤营养条件，提高土壤的有效肥力；建立良好土壤构造，提高作物产量；消除杂草，防除病虫害。

②小畦灌溉：每亩 10 个畦。畦田规格，畦宽 2.4 m，畦长 28 m。

③推迟播期：播期控制在 10 月 20 日左右。

④增加播量：亩播量在 17.5 kg，基本苗 35 万株。

⑤全密种植：采用 12 cm 等行距种植形式。

⑥重施底肥：总施肥量为 N 14 kg 左右，P_2O_5 8～9 kg，K_2O 3.5～5 kg。施肥方式可采用两种：一是采用缓释肥 100% 底施，春季不再追肥；二是 P_2O_5、K_2O 全部底施，N 80% 底施，20% 追施。以选用第一种为主。

⑦足墒播种：一般应强调浇底墒水，而且尽可能浇足、浇透，力争达到 60 m^3/亩以上。如果播前降水量特大，亦可不浇底墒水。

⑧播后镇压：播种后出苗前在表层土壤适宜时，采用机械化镇压，镇压器重量应达到 120 kg/m 以上。

⑨春季浇水：春季浇水掌握在拔节期，根据苗情在拔节日期达到后的 5～10 d 进行。底肥施用 80% 氮肥的，可随水追施 20% 氮肥。在扬花期后 5～10 d 进行浇水，使花

期浇水与灌浆水合二为一。

　　⑩病虫害防治：在抽穗期进行一喷三防。

　　⑪及时收获：根据具体情况与天气情况及时收获。

3. 组织实施情况与效果

　　建立千亩示范方 1 个，面积 1 256 亩，地点南宫市北胡办事处大关村、井家庄。建立万亩辐射区 1 个，面积 11 420 亩，地点北胡办事处大关村、南宫市棉花原种场、黄尧村、西高庄、乔村。辐射区面积 53 840 亩，地点王道寨乡、北胡办事处、仔仲镇及周边乡镇。结合田间长势进行田间技术指导。

中沃麦 2 号的示范

1. 成果来源与示范推广单位概况

小麦新品种"中沃麦 2 号"由河北沃土种业股份有限公司选育，2016 年通过河北省审定。该品种属半冬性中晚熟品种，生育期 241 d，比对照邯 4589 晚熟 2 d，成株株型较松散。株高 77.4 cm。穗纺锤形，长芒，白壳，白粒，硬质，籽粒较饱满。熟相较好，抗倒性中等。亩穗数 42.5 万穗，穗粒数 33.2 个，千粒重 43.5 g，容重 768.4 g/L。两年省黑龙港流域节水组区试平均亩产量 478.6 kg，2014—2015 年黑龙港流域节水组生产试验，平均亩产 473.6 kg。

示范推广单位为巨鹿县旭昊家庭农场，该农场主要种植作物为小麦和玉米。

2. 主要技术内容

①推广播后镇压和返青期镇压技术。
②推广水肥一体化技术。

3. 组织实施情况与效果

中沃麦 2 号为新审定黑龙港流域节水品种，正适合巨鹿自然条件。实施地点位于张王疃乡，其中王六村 3 600 亩，郭家庄村 1 200 亩，大前屯村 1 800 亩，小留庄村 3 400 亩，共 10 000 亩。在实施地点周围两个乡镇辐射推广 5 万亩。通过建立核心示范田，良种良法配套，主体技术实施，建立节水丰产栽培技术模式，促进黑龙港地区的小麦生产。

示范区较对照田亩增产 59.9，增产 13.3%，可增收粮食 59.9 万 kg，按 2.4 元/ kg 计算，新增效益 143.76 万元。达到了增收粮食 40 万 kg，新增效益 96 万元的目标。

辐射区通过播后镇压和返青期镇压等技术，亩节水 20 m³ 左右，辐射区亩产 486.3 kg，较对照 456 kg 增产 30.3 kg。

·玉 米·

冀玉 5817 的示范与推广

1. 成果来源与示范推广单位概况

冀玉 5817 于 2014 年通过河北省农作物品种审定委员会审定,是河北省农林科学院粮油作物研究所自育品种,具有独立知识产权,河北冀丰种业有限责任公司拥有其生产权、经营权。该品种株型紧凑,株高 260 cm,穗位 105 cm,全株叶片数 19~21 片,生育期 103 d 左右,果穗筒形,穗轴白色,穗行数 16 行,籽粒黄色,半马齿形,千粒重 366.6 g,出籽率 85.2%。2011 年河北省夏播早熟组区域试验,平均亩产 686.1 kg,2012 年同组区域试验,平均亩产 741.8 kg,2013 年生产试验,平均亩产 579.2 kg。经河北省农林科学院植物保护研究所鉴定结果表明,冀玉 5817 高抗大斑病,中抗小斑病、弯孢叶斑病、茎腐病。农业部谷物品质监督检验测试中心检测,粗蛋白质(干基)含量 8.68%,粗脂肪含量 4.11%,粗淀粉含量 73.97%,赖氨酸含量 0.28%。冀玉 5817 生育期中熟偏早,株型紧凑,适宜播期为 6 月 26 日之前,选择地势平坦,中等以上肥力地块种植,每亩保苗 4 000~4 500 株,高产田可适当加大种植密度。施足底肥,每亩可选用磷酸二铵或玉米专用复合肥 20 kg 做基肥。根据地力条件,拔节期要配合浇水适当追肥,每亩追施尿素 20 kg 左右。病虫害防治主要采用"预防为主,综合防治",防治苗期病虫害。待果穗苞叶变黄,籽粒变硬发亮,乳线基本消失时收获并及时晾晒。

示范推广单位为河北省农林科学院粮油作物研究所。该所育成的冀玉 5817、冀丰 58、冀玉 9 号、冀丰 223 等多个品种通过国家或省级审定,冀丰 58 和冀玉 9 号、冀单 31 分别获省长特别奖、河北省科技进步二等奖、河北省科技进步三等奖。

2. 主要技术内容

制定献县夏玉米高产简化栽培技术。依据玉米新品种冀玉 5817 的生长发育规律,制定了适宜该品种的高产简化栽培技术,包括播期、种植密度、生长调控,田间管理及机械收获等栽培技术。

3. 组织实施情况与效果

由河北省农林科学院粮油作物研究所主持,河北冀丰种业有限责任公司合作参加,献县方方合作社进行主体实施,在河北省渤海粮仓所属示范推广县献县示范推广冀玉 5817 玉米新品种。为高产示范基地统一提供冀玉 5817 种子,种子质量达到国家规定标准;建立高产示范田,示范田均按统一技术方案管理;玉米从播种至收获期间,针对冀玉 5817 的品种特性,全程进行技术指导。

主要实施地点位于陌南镇西北部的 4 个自然村:新北峰村、团堤村、黄鼠村及泥马头村。这4个自然村紧紧相连，土地平整，为示范推广的顺利实施提供了保障。其中包含陌南镇新北峰村3 500亩左右、团堤村示范面积2 000亩左右、黄鼠村示范面积2 500亩左右、泥马头村示范面积2 000亩左右，合计示范总面积达到了1.06万亩。

田间测产，冀玉5817品种平均亩穗数4 080.3穗，穗粒数446.9粒，百粒重36.66 g，理论产量668.5 kg/亩，八五折后产量568.2 kg/亩。先玉668对照品种：平均亩穗数3 582.8穗，穗粒数466.9粒，百粒重35.9 g，理论产量600.5 kg/亩，八五折后产量510.4 kg/亩。冀玉5817品种比先玉668对照品种亩增产57.6 kg，增产11.3%。

肃玉一号的示范

1. 成果来源与示范推广单位概况

肃玉一号品种选育单位为河北省肃宁县种业有限责任公司，亲本组合为 SN0702× SN0798。肃玉一号幼苗叶鞘浅紫色。成株株型紧凑，株高 263 cm，穗位 121 cm，全株叶片数 19～21 片，生育期 102 d 左右。雄穗分枝 14～16 个，花药黄色，花丝浅红色。果穗筒形，穗轴白色，穗长 17.1 cm，穗行数 16 行，秃顶度 0.3 cm。籽粒黄色，半马齿形，千粒重 338 g，出籽率 86.6%。2009 年农业部谷物及制品质量监督检验测试中心（哈尔滨）测定，籽粒粗蛋白质含量 9.32%，粗脂肪含量 4.08%，粗淀粉含量 74.06%，赖氨酸含量 0.27%。河北省农林科学院植物保护研究所鉴定，2007 年中抗小斑病、弯孢菌叶斑病和茎腐病，感大斑病、瘤黑粉病和矮花叶病。2008 年高抗茎腐病，抗弯孢菌叶斑病和矮花叶病，感小斑病、大斑病和瘤黑粉病。

示范推广单位为献县秋江农机服务专业合作社，该合作社建立了规范化土地种管区 5 个，流转土地达 1.2 万亩。

2. 主要技术内容

推广示范肃玉一号玉米新品种，聘请并组成实地考察验收专家组，与当地同类品种推广效果作对照，比较分析其增产、增效效果。

3. 组织实施情况与效果

核心示范区位于献县西城乡小邵寺，面积 2 000 亩。辐射示范面积 8 000 亩，位于献县西城乡大邵寺、东屯、西城、张花、西蔡、蔡西、蔡东等村。

核心示范区经专家测产单产可达 591.2 kg/亩。辐射面积经专家测产，亩产 558 kg/亩。增产、节水分别达到 10%、30%以上，总增产 500 t，总节水 36 万 m^3。

蠡玉 52 的示范与推广

1. 成果来源与示范推广单位概况

蠡玉 52 是由河北省农作物品种审定委员会审定通过的高产、抗旱、优质、适宜在干旱缺水地区种植的玉米新品种。示范推广以蠡玉 52 玉米新品种为核心在渤海粮仓示范推广区域示范、推广。示范推广通过搞好制种基地建设，健全和完善良繁体系，建立试验示范基地，完善配套栽培技术和示范网络体系，实现品种的规模生产和产业化开发，促进渤海粮仓示范推广区域粮食生产的增产和农民增收。同时为该品种在河北省其他适宜区域种植推广提供技术支撑，为该品种的大面积应用和产业化生产奠定基础。蠡玉 52 根系发达，株型紧凑，株高 256 cm，穗位 106 cm，生育期 103 d 左右，果穗筒形，穗轴白色，千粒重 317.9 g，出籽率 86.6%。抗病性经河北省农林科学院植物保护研究所鉴定，2009 年高抗茎腐病，抗小斑病；2010 年高抗茎腐病和矮花叶病，中抗小斑病和大斑病。根系发达，抗旱性好，抗倒性强。产量性状，2009 年河北省夏播玉米高密度组区域试验平均亩产 660 kg，比对照增产 10.1%；2010 年同组区域试验平均亩产 680 kg，比对照增产 9.3%；2011 年生产试验平均亩产 649 kg，比对照增产 9.7%。该品种在生产推广过程中抗旱性突出，适宜在水资源缺乏地区种植。同时表现出高产、稳产、抗病、抗倒、优质等特性。

示范推广单位为河北科腾生物科技有限公司，该公司是一家以现代生物育种技术成果转化及其产业化为发展方向，从事玉米、小麦种子育繁推一体化的高科技农业公司。公司以经营杂交玉米、小麦种子为主导产品。

2. 主要技术内容

（1）探究配套技术，良种良法配套

在总结 2015 年蠡玉 52 节水增效配套栽培管理技术的基础上，在衡水和赵县试验站对示范推广品种开展了不同播期、密度、浇水、施肥对产量影响的配套栽培技术研究，进一步完善了配套栽培技术，为今后良种良法一起推广打下了技术基础。

发挥品种抗旱优势，保证出苗水和大喇叭口期两水。在保证播种墒情的前提下，蠡玉 52 根系发达，可以忍受较严重的干旱胁迫，苗期、小喇叭口期和穗期均不需浇水，如果在大喇叭口期遇严重干旱，根据天气情况和墒情及时灌溉，防止形成"卡脖旱"。

发挥技术配套优势，科学施肥，节本增效。根据实验和调查，制定了蠡玉 52 的用肥估算方法：以目标亩产 650 kg 产量为例：亩施纯氮 12 kg、五氧化二磷 3 kg、氧化钾 5 kg 为基数进行复合肥的选用，或以此数据为依据进行肥料的搭配使用。同时适量增施钾肥，减少中后期氮肥的施入，促进根系生长，促进灌浆提高粒重，促进早熟缩短生长期。亩减少用肥 5~8 kg，从技术角度提高节水节本增产增效的幅度。

（2）蠡玉 52 配套栽培管理技术

适宜播期，一播全苗。适播期 6 月 10—20 日，贴茬播种，单粒机播，提早播种，播种后浇蒙头水。适宜密度中等肥力地 4 000 株/亩左右、高水肥地 4 500 株/亩左右。

苗后除草剂的使用：玉米贴茬播种，受田间残留小麦秸秆的影响，播后苗前除草剂的效果较差，建议使用苗后除草剂防治杂草。苗后除草剂使用时期。在玉米 3～5 叶期使用苗后除草剂，严格按除草剂使用说明使用，不得加大药量，以防药害发生。

苗期水肥管理：苗肥的作用主要是促进幼苗特别是根系的生长，对于培育壮苗和实现高产至关重要。苗肥一般在定苗后开沟施入，避免在没有任何有效降水的情况下地表撒施。施肥量可根据土壤肥力、产量水平、肥料养分含量等具体情况来确定，如果后期不再追肥，可配比一定比例的长效尿素或缓释尿素。蠡玉 52 抗旱性好，一般不需灌溉，适度干旱可进一步促进根系发育，利于蹲苗。

病虫草害防治：蠡玉 52 苗期抗病性好，种子包衣使用了国外进口的防治病虫的药剂，一般年份不需进行病虫害的防治。因此，本阶段主要防治田间杂草，促壮苗。

穗期管理：发挥品种抗旱优势，保证出苗水和大喇叭口期两水。蠡玉 52 根系发达，可以忍受较严重的干旱胁迫，苗期、小喇叭口期和穗期均不需浇水，如果在大喇叭口期遇到严重干旱，根据天气情况和墒情及时灌溉。

中耕可以疏松土壤、有利根系发育，同时去除田间杂草并使土壤更多地接纳雨水。培土促进地上部气生根的发育，提高玉米抗倒抗旱的能力；此外，培土还可以掩埋杂草，培土后形成的垄沟有利于田间灌溉和排水。中耕和培土可以结合在一起完成，一般在拔节后至大喇叭口期之前进行，培土高度 7～8 cm 为宜。在潮湿、黏重的地块以及大风多雨年份，培土的增产、稳产效果较为明显。

病虫草害防治：重点防治玉米螟、黏虫和棉铃虫，选用菊酯类或昆虫生长调节剂类杀虫剂防治；或采用 Bt 颗粒剂施入玉米喇叭口内防治；或在成虫发生期利用性诱剂、杀虫灯、糖醋液诱杀成虫；玉米封行后，注意防治叶螨和蚜虫等；可用百草枯加防护罩定向喷雾防治杂草。

花粒期管理：蠡玉 52 具有较强的抗旱能力，非特殊干旱年份可以免浇灌浆水；花粒肥可结合降雨亩追 7.5～10 kg 尿素。

收获期管理：适时收获，成熟的标志主要有两个，一是籽粒基部黑层出现；二是籽粒乳线消失。蠡玉 52 抗倒性强，穗位整齐，适合使用机械进行收获；收获后及时晾晒脱水，籽粒水分降至 14% 以下时可入仓储存。

3. 组织实施情况与效果

规划落实示范推广区域：实施区域以沧州、衡水、邢台、邯郸四个地区为主体，以 30 个县市为骨干，同时公司各部门、各成员分工明确，协调联动，密切配合。核心示范区建立在沧州任丘市于村乡，面积 2 000 亩，并在沧州市的泊头市西辛店乡、南皮县王寺镇、盐山县望村乡；衡水市的景县青兰镇、阜城县码头镇、故城县辛庄乡；邢台市的隆尧县尹村镇、南宫市大村乡、清河县王官庄镇；邯郸市肥乡县辛安镇、成安县道东堡乡、大名县西未庄乡等 13 个市县建设有代表性的示范点，通过品种的示范作用提高影响力，加速推广。

抓好杂交制种基地建设：制定了适合蠡玉 52 品种特点的种子生产方案，采取标准化生产、机械化操作、规模化管理、集约化经营为主的"四化"建设，在甘肃和新疆建立了相对稳定的玉米种子生产基地 2 万余亩，提高了种子生产组织化程度，为生产高质量的种子奠定了基础。质量标准达到克 B4404.1—2008 规定标准。

2015—2016 年，高产优质节水玉米新品种蠡玉 52，两年示范推广面积分别为 13.5 万亩和 24.6 万亩，节水 632.8 万 m^3 和 1 377 万 m^3，节水率均达 33%，增产玉米 487.48 万 kg 和 1 725.5 万 kg，增产幅度 12.44% 和 12.53%，两年累计节本增效 5 747 万元。利用品种的抗旱优势，围绕抗旱节水，生态协调，良种良法配套，增产增效并举，以推广抗旱节水品种为主线，着重构建示范推广区域内抗旱品种与配套栽培管理技术相配套的管理和技术服务体系，以调整示范推广区域内品种种植结构和布局，达到节水降耗、优质增效的目的。本技术的实施对加快示范推广区域内抗旱优质高产品种的推广，提高农民种植管理技术，提升农民节水增效意识产生了积极有效的作用，产生了很好的经济、生态和社会效益。

华农 866 示范与推广

1. 成果来源与示范推广单位概况

华农 866 是由北京华农伟业种子科技有限公司选育的新型玉米杂交种，具有棒子大、品质好、抗病强、产量高、活杆成熟、适合机收等优点。幼苗叶鞘紫色。成株株型半紧凑，株高 300 cm，穗位 114 cm，全株叶片数 19～20 片，生育期 122 d 左右。雄穗分枝 8～9 个，花药紫色，花丝红色。果穗筒形，穗轴红色，穗长 20.3 cm，穗行数 16 行，秃尖 1.4 cm。籽粒黄色，马齿形，千粒重 386.2 g，出籽率 85.6%。2013 年农业部谷物品质监督检验测试中心测定，粗蛋白质（干基）8.96%，粗脂肪（干基）3.44%，粗淀粉（干基）74.93%，赖氨酸（干基）0.30%。2011 年河北省农林科学院植物保护研究所鉴定，高抗茎腐病，抗丝黑穗病，中抗大斑病、小斑病；2012 年吉林省农业科学院植物保护研究所鉴定，中抗大斑病，感丝黑穗病、弯孢菌叶斑病、茎腐病、玉米螟。

示范推广单位为南皮县穆三拨绿丰谷物种植专业合作社。该合作社为成员提供谷物种植所需的农业生产资料，组织收购、销售涉及同类种植农作物的产品（不含加工后的产品），引进新技术、新品种。

2. 主要技术内容

①新玉米品种华农 866 栽培技术。
②坑塘雨水集蓄高效利用技术。

3. 组织实施情况与效果

以优良国审玉米新品种华农 866 为主要对象，充分利用中国科学院南皮生态农业试验站在人才和农田耕作种植技术方面的优势，对新玉米品种华农 866 进行了相应的配套技术集成，依托南皮县穆三拨绿丰谷物种植专业合作社进行该品种的引进，并根据区域特点配套适宜的高效节水和耕作栽培种植技术，形成成形的管理模式进行示范推广。同时，结合"渤海粮仓种业有限公司"建设，建立玉米新品种科技成果转化基地，形成"育繁推"（育种、繁种、推广应用）一体化的玉米新品种管理应用示范体制，不断满足渤海粮仓建设对优良品种的需求。在穆三拨村建立了 400 亩的华农 866 玉米新品种的核心示范区，以穆三拨为核心连同乌马营镇的双庙五拨等 5 个村建立了高标准玉米种植技术示范方 1 005 亩，在县域内进行华农 866、华农 138、科育 186 等新品种和品系和对照品种郑单 958 的示范方面积 4 000 余亩。

示范区玉米亩产较对照增产 50 kg 以上，节水 15%以上，化肥和自然降雨利用效率提高 10%以上。完善南皮县域技术示范推广体系，通过加强技术宣传，亩节本增效 100 元。

在完善农业技术推广体系的基础上，通过增产、节水、增效等不同种植新技术的推广应用，将为南皮农田增产、农业增效和农民增收提供技术保障。通过技术的实施和推广应用，将有效提高该区域水肥利用效率，带动节水旱作农业的发展，促进生态环境改善。同时，为保障粮食安全、耕地安全、农业可持续发展提供重要的科技支撑和技术样板。社会效益显著，应用前景广阔。

滑玉 168 引进示范

1. 成果来源与示范推广单位概况

玉米新品种"滑玉 168"系由河南滑丰种业科技有限公司选育、研发，2015 年 9 月通过国家审定，成果水平国家级。品种来源于 HF2458-1XMC712-2111。黄淮海夏玉米区出苗至成熟 102 d，与郑单 958 相当。幼苗叶鞘紫色，叶片绿色，花药浅紫色。株型紧凑，株高 292 cm，穗位高 100 cm，成株叶片数 19～20 片。花丝浅紫色，果穗筒形，穗长 17.3 cm，穗行数 16～18 行，穗轴红色，籽粒黄色、半马齿形，百粒重 32.5 g。接种鉴定，抗大斑病，中抗小斑病、茎腐病和穗腐病，感弯孢叶斑病，高感瘤黑粉病和粗缩病。籽粒容重 790 g/L，粗蛋白含量 10.64%，粗脂肪含量 3.13%，粗淀粉含量 73.54%，赖氨酸含量 0.35%。

示范推广单位为东光县金诺种业有限公司。该公司常年从事农作物种子及农药，肥料的销售、批发业务，为全县的农业生产服务，负责种子的新品种新技术的推广应用。

2. 主要技术内容

①贴茬播种技术，适时早播。整个示范区实行统一播种，播期在 6 月 8—10 日，采用 60 cm 等行距种植，株距 24 cm，每穴一株，单粒播，密度为 4 500 株，每亩播量 1.5 kg，保证播种深浅一致，一播全苗。

②播后及时浇蒙头水，及时喷洒封闭性除草剂。喇叭口期使用了矮壮素，防止后期倒伏，促进了果穗分化，提高结穗和结实率。一是化学除草：采用高效、安全、广谱的烟嘧磺隆玉米专用除草剂去除玉米田间杂草，化学除草可有效节省人力成本，达到节本增效目的，亩用烟嘧磺隆 80 mL，对水 40 kg，苗后 3～5 片叶时全天喷施。二是使用矮壮素：玉米 9～14 片叶期，亩用 40 mL 玉米矮壮素，在天气无风，晴朗时对玉米上部叶片进行均匀喷雾。

③加强肥水管理，坚持前轻后重的原则。全生育期视天气情况及土壤商情进行浇水 1 次，改大水漫灌为沟灌或小哇灌溉的节水灌溉方式，可节水 30%左右，沟灌沟长一般 50～100 m，沟深 20 cm 左右，沟距 60 cm。肥水管理以前轻后重为原则，5 叶期轻施提苗肥，大喇叭口期重施肥水。合理施肥，随播种每亩施二铵 20 kg，喇叭口期 20 kg。

④合理密植。整个示范区全部实施了"四该一增"技术。亩株数控制在 4 500 株。

⑤测土配方技术，实施机械化收获。

⑥病虫害统一测报，专业化防治。坚持"公共植保、绿色植保"的理念和"预防为主、综合防治"的植保方针，在玉米的整个生育期加强预测预报，开展综

合防治和专业化防治。采取植保专业队的形式，科学有效的防治虫害，专业化防治达到100%。苗期防治棉铃虫，蓟马等害虫，大喇叭口期防治玉米螟，花期防治蚜虫。

3. 组织实施情况与效果

示范区内实行方田化种植、集约化生产，落实"统一整地播种、统一肥水管理、统一技术培训、统一病虫防治、统一机械化收获"的"五统一"配套高产优质高效生产技术措施。

以东光县吴定杆村为核心建立千亩示范区1个，连接邻近周围吴定杆村、小康村、大柴等6个村，建立了高产示范基地，进行高产玉米品种滑玉168及高产高效栽培技术示范实施。其中：大柴村2 000亩，吴定杆村2 300亩，小康村1 000亩，赵纂村2 200亩，刘西河村1 300亩，于桥村1 200亩，合计面积10 000亩。以此辐射全县周边乡村，"滑玉168"示范推广面积达4万亩。

示范区进行现场检测：玉米单产658.5 kg，对比照常规种植区平均单产568.1 kg，亩增产90.4 kg，增产15.9%. 通过该技术节水措施的实施，亩节约用水40 m³以上，节水36.2%，每亩节支增收达220元，累计增加效益近220万元。

沧玉 76 的中试与示范

1. 成果来源与示范推广单位概况

河北万嘉种业有限公司于 2015 年 10 月购买了高产玉米新品种"沧玉 76"生产经营权。"沧玉 76"于 2010 年育成,审定编号:冀审玉 2015002 号。亲本组合是 C1058×CB128。该品种株型紧凑,株高 267 cm,穗位 114 cm,生育期 103 d 左右。果穗筒形,穗轴红色,穗长 18.6 cm,穗行数 16 行,秃尖 1.1 cm。籽粒黄色,半马齿形,千粒重 351.4 g,出籽率 87.7%。2012 年经河北省农林科学院植物保护研究所鉴定,高抗矮花叶病,中抗大斑病、小斑病,感茎腐病。2014 年生产试验,平均亩产 747.1 kg。高产、抗倒,适宜在河北省唐山市、廊坊市及其以南的夏播玉米区夏播种植。

示范推广单位为河北万嘉种业有限公司。该公司是一家融合现代高科技生物育种技术及常规遗传育种等手段,进行农作物优良新品种选育、生产、加工、销售及技术服务的新型农业科技企业。

2. 主要技术内容

①建立"沧玉 76"标准化、专业化、规模化、集约化、机械化的良种繁育基地。成立良种繁育组、检验组、加工组、机械组、技术组、培训组、推广组等完善的良种繁育推广体系。加快新品种繁育推广,促进现代良种繁育体系建设。

②制定"沧玉 76"制种技术规程。精选基地,选择隔离区好、地势平坦、土质肥沃、排灌方便、无检疫病虫害的地块作为制种基地。测算好父母本播期,进行规范播种。严格把好母本去雄关,要求及时、彻底、干净。

3. 组织实施情况与效果

制种基地面积 150 亩,亩产 455 kg,生产种子 68 250 kg。建设成方连片示范方总面积 10 000 亩,亩产达到 535 kg,总产量 535 万 kg;每亩节本增效 160 元。辐射示范推广面积 2 万亩,亩产 530 kg,总产 1 060 万 kg。比常规品种每亩增产 55 kg,增产率 11.6%;每亩节水 50m³,节水率 31%;每亩节本增效 130 元。

多抗节水玉米品种冀农 121 示范与推广

1. 成果来源与示范推广单位概况

冀农 121 为河北冀农种业有限责任公司自行选育玉米品种。2016 年 5 月通过河北省农作物审定委员会审定，公告号冀审玉 2016014 号，该品种根系发达，株型紧凑，株高 275 cm，穗位 99 cm。生育期 104 d 左右。2013 年河北省夏播高密组区域试验，平均亩产 653.3 kg；2014 年同组区域试验，平均亩产 750.7 kg。该品种根系发达，抗旱、抗倒，集高产、稳产、广适、抗病于一体，适应性广，适宜东部黑龙港区水资源缺乏地区种植，是一个值得大面积推广的品种。

示范推广单位为河北冀农种业有限责任公司。该公司专注玉米、小麦种子的研发与产业化，为育、繁、推一体化企业。

2. 主要技术内容

①通过制种田早播晚收延长生长期和改良收获技术提高种子活力和整齐度，使用柔性脱粒机械进行脱粒，减少种子机械损伤，使种子保持旺盛活力，种子采用四层分级处理，选择了科聚亚公司的顶苗新和帅苗处理。通过这项措施，使种子出苗一致、生长一致、整齐度一致，从种源上避免了产生大小苗的因素。

②抢茬精量播种。通过对河北省中部、中南部、中北部不同积温条件下播期试验，冀农 121 号正常成熟播种时间是 6 月 15—25 日。夏播生育期 104 d，为充分利用光热资源，玉米精播有利于提高播种质量，提高玉米生长整齐度。麦收后立即用单粒精播机进行播种。

③合理密植与抗倒种植密度不当是限制产量提高的主要因素，依据冀农 121 品种特性，采用适宜的种植密度，对于充分挖掘玉米的产量潜力具有重要意义。推荐亩留苗 4 500～5 000 株。3 叶期间苗，5 叶期定苗，及时查苗补苗，及时拔除小弱株，提高群体整齐度，保证植株健壮，改善群体通风透光条件，延长后期群体光合高值持续期。增施钾肥提高茎秆的强度，采用科学的化学调控技术，促穗壮粒，减少秃尖。

④密度与化控的合理运用。化控防倒是夏玉米高产栽培的一项新技术，也是目前我国夺取玉米高产、稳产的一项重要措施。示范推广中的种子配套冀农玉米丰收宝或其他抗倒伏调节剂，并根据不同种植密度调整调节剂使用量。

⑤冀农 121 在玉米生产优势区和中低产区不同密度、不同时期需肥规律，在肥料运筹上，采用"稳氮、补磷钾、分次追肥、氮肥追施后移"的技术措施。轻施苗肥、重施穗肥、补追花粒肥。苗肥在玉米拔节前将氮肥总量的 30% 左右加全部磷、钾、硫、锌肥，沿幼苗一侧开沟深施（15～20 cm），以促根壮苗。在玉米大喇叭口期（叶龄指数 55%～60%，第 11～12 片叶展开）追施总氮量的 50% 左右，以促穗大粒多，用量为

每亩 25 kg 尿素，推广中耕施肥，提高肥效。花粒肥在籽粒灌浆期追施总氮量的 15%～20%，以提高叶片光合能力，增粒重。

⑥针对冀农 121 特点，运用病虫草害综合防治技术。按照"预防为主，综合防治"的原则，优先采用农业防治、生物防治、合理使用化学防治，农药的使用应符合无公害要求。

⑦适时晚收技术。根据冀农 121 品种自身特点，适时晚收。在不影响小麦适期播种的前提下，充分延长玉米灌浆时间，增加粒重，提高玉米产量。

3. 组织实施情况与效果

在泊头、南皮、沧县、青县、河间、枣强、桃城、景县、阜城、故城、南宫、清河、临西、馆陶、成安、大名等 20 个县建设了 1 000 亩以上展示示范点。核心示范区建立在沧州盐山孟店乡及小庄乡、圣佛镇、小营乡、庆云镇、望树镇，示范区面积 1.3 万亩；衡水武邑县的圈头乡、龙店乡、韩庄镇、审坡镇、大紫塔乡、清凉店乡示范面积 1.2 万亩；邯郸魏县的沙口集乡、牙里镇、院堡乡和肥乡县的辛安镇、天台山镇、毛演堡乡示范面积 1 万亩；邢台宁晋县的四芝兰镇、大曹庄、徐家河乡、北河庄乡示范面积 0.9 万亩。

田间测产，冀农 121 玉米植株生长整齐，穗大、均匀、不秃尖，没有倒伏现象，综合表现良好。经专家组测产，冀农 121 亩产 758.6 kg/亩，对照先玉 335 品种 688.9 kg/亩，冀农 121 品种比对照品种亩增产 69.7 kg，增产 10.11%。在核心示范区只浇了出苗水，比对照先玉 335 少浇 1 水。

2017 年推广面积 36 万亩，每亩增产 69.7 kg，新增纯收益 4 014.7 万元。

·其他品种·

冀杂 999 在黑龙港流域上游地区的示范与推广

1. 成果来源与示范推广单位概况

成果来源于河北省农林科学院棉花研究所培育的国审棉花品种（冀杂 999：国审棉 2009008）。冀杂 999 为转抗虫基因中熟杂交一代品种，生育期 122 d。出苗快、长势好，后期叶功能好，不早衰。产量高：国家区试两年平均子棉产量较对照品种鲁棉研 15 增产 14.6%，皮棉增产 11.1%。抗旱耐盐碱：2014 年中国农科院棉花所鉴定结果，采用 3%苗期反复干旱法进行鉴定，属于耐旱类型；采用 0.4%盐量胁迫法鉴定，属于耐盐类型。田间表现抗逆性强，吐絮肥畅，易采摘，深受棉农喜爱。

示范推广单位为河北省农林科学院棉花研究所，该研究所主要从事棉花遗传育种、生物技术与种质资源、栽培生理与实用技术等方面的研究，是河北省唯一的省级专业棉花研究机构，是国家棉花改良中心河北分中心、农业部黄淮海半干旱区棉花生物学与遗传育种重点实验室挂靠单位。

2. 主要技术内容

①利用冀杂 999 抗旱耐盐碱、高产、大铃、早熟的特性，并结合棉田综合改良及棉花前重式简化高产栽培技术在黑龙港流域上游地区（邱县）进行大面积示范推广。

②通过设立示范田、示范方、示范区三级示范点，以点带面，促进新品种新技术的快速推广。

③通过控制种植密度、播种时间、简化栽培、化学调控、肥水管理等措施，实现棉田增产节本。

④通过加强高产示范样板田的建设，发挥示范样板、观摩宣传的作用，加快冀杂 999 及其配套栽培技术的推广，不断扩大在河北省黑龙港地区的种植面积和范围。

⑤通过建设高产示范样板田，并结合示范进行现场观摩、经验交流、技术宣传，加快冀杂 999 在黑龙港流域上游地区的推广，为实现河北省高效节水种植、棉花持续增产、农业持续增收、农民持续增效做贡献。

3. 组织实施情况与效果

千亩示范方实施地点位于邱县古城营乡及新码头镇。所有棉田均正常浇灌底墒水，对照棉田（万丰201），苗期浇保苗水1次，中后期浇保花铃水1次，水量根据棉田长势确定，渗透深度20～50 cm，每次灌溉量在50～150 m³/亩，而冀杂999除去底墒水之外没有浇水，节水效果显著。

冀杂999示范田平均亩产籽棉358.5 kg，比对照万丰201平均亩增产53 kg，增产幅度为17.4%。冀杂999示范区1 026亩平均实现亩节水50 m³以上，节水达到30%以上。

另外，建立相对集中连片的示范基地11 562亩，亩产籽棉342.8 kg，比对照万丰201平均亩增产37.5 kg，增产幅度为12.3%，总增产43.3万kg；实现亩节水50 m³，节水30%，总节水260万m³。

抗逆、高稳产、优质棉花新品种冀丰1982的示范与推广

1. 成果来源与示范推广单位概况

冀丰 1982 是由河北省农林科学院粮油作物研究所和河北冀丰棉花科技有限公司合作育成，于 2014 年通过河北省农作物品种审定委员会审定。该品种具有高稳产、抗病、抗虫、抗逆、优质、生长势强、适宜简化种植等突出特点，2015 年在省内主要植棉区域进行了大面积生产示范，取得良好效果。经专家在邱县示范区检测，亩产皮棉达到 173.09 kg，较生产上主推品种冀丰 1271 亩增皮棉 39.59 kg，增产 29.65%，受到专家和种植户好评。

示范推广单位为河北省农林科学院粮油作物研究所，该研究所主要从事粮棉油作物种质资源创新与遗传育种、遗传育种理论与分子生物学、作物耕作栽培生理与技术、农田杂草控制、奶牛遗传改良与健康养殖等农业技术创新与示范推广，是河北省作物学会挂靠单位。

2. 主要技术内容

根据新品种特征特性及发育规律，结合示范区的土壤条件，示范推广冀丰 1982 "稀植、简化、免整枝高产配套栽培技术"。

3. 组织实施情况与效果

分别在邱县盛水湾现代农业园区、邱城镇东街村、小寨村、东杜瞳村、石佛寺村等地建立了示范基地 5 个，示范面积共计 10 125 亩。对邱县盛水湾现代农业园区、小寨村和邱城镇东街村的部分示范田分别建立了 3 个不同种植模式示范区。

经专家田间检测，盛水湾现代农业园区单行稀植示范田亩产 111.5 kg，较对照增产 13.9%；小寨村大小行高密度种植示范田亩产 128.4 kg，较对照增产 19.4%；邱城镇东街村与花生间作示范田亩产 110.9 kg，较对照增产 10.5%。3 个示范区节水灌溉试验（示范田浇 2 水，对照 3 水），在增产增效的基础上实现了 33.3% 的节水指标。

早熟、高产、优质马铃薯新品种石薯1号示范与推广

1. 成果来源与示范推广单位概况

石薯1号是石家庄市农林科学院培育的马铃薯新品种，于2014年通过河北省农作物品种审定委员会审定，是河北省审定的第一个早熟马铃薯品种。该品种生育期67 d。植株直立，株高66 cm，茎绿色带褐色斑纹，叶绿色，单株主茎数1.6个，花冠浅紫色，薯型椭圆形，浅黄皮浅黄肉，薯皮光滑，芽眼少而浅，单株结薯块数4.5个，商品薯率86.4%。薯块淀粉含量14.2%，干物质含量17.12%，蛋白质含量2.6%，还原糖含量0.3%。该品种对马铃薯PVX病毒病、PVY病毒病、PVS病毒病、PLRV病毒病表现抗病。一般平均亩产2 559.5 kg，每亩密度4 300株左右，适宜河北省中南部二季作区春播种植。该品种由石家庄德丰种业有限公司销售推广，已在衡水、邢台、邯郸、保定、石家庄等地区示范推广。

示范推广单位为石家庄德丰种业有限公司，该公司主要从事常规大田用种和非主要农作物种子的批发零售，是石家庄地区从事马铃薯推广较早的企业。

2. 主要技术内容

针对渤海粮仓区域迫切需要早熟、抗逆、优质高产马铃薯品种的需求，以石家庄市农林科学研究院育成的马铃薯新品种石薯1号为依托，建立完善的石薯1号脱毒及良种繁育体系，示范推广适宜河北渤海粮仓区域种植的早熟马铃薯品种石薯1号。并将配套的一膜、两膜、三膜覆盖栽培技术，以及春季地膜马铃薯复种夏玉米、春季地膜马铃薯复种谷子、春季地膜马铃薯套种棉花等栽培技术应用于石薯1号的示范与推广。

3. 组织实施情况与效果

示范推广的实施地点在衡水市的武邑县、武强县，邢台市的宁晋县，邯郸市的曲周县，运用与石薯1号配套的种植模式及栽培技术，合理安排夏季茬口，在示范推广区域共建立基地12 660亩，加快示范推广速度，促进石薯1号新品种新技术成果转化应用。

（1）石薯1号脱毒及良种繁育体系

利用石家庄市农林科学研究院的组织培养室对石薯1号种薯进行茎尖脱毒，并在组培室生产石薯1号脱毒试管苗、试管薯。

组培室生产的试管薯播种在温室，用无土栽培的方法生产脱毒微型薯（原原种）；生产的微型薯种植在高海拔的繁种田进行原种生产；生产的原种在高海拔的繁种田进行脱毒一级种薯（良种）生产；产出的一级脱毒种薯用于大田生产。

通过以上步骤，形成完善的石薯1号脱毒及良种繁育体系。繁育技术见附件1：石

薯 1 号良种繁育技术。

（2）推广了石薯 1 号的多种种植模式、茬口及配套栽培技术

在示范推广区域主要推广了石薯 1 号 3 个种植模式的 5 个茬口和 1 项节水种植技术，包括：石薯 1 号膜覆盖种植模式；地膜石薯 1 号复种夏玉米种植模式；地膜石薯 1 号复种谷子种植模式；地膜石薯 1 号套种棉花种植模式；石薯 1 号两膜覆盖高效种植模式；石薯 1 号三膜覆盖高效种植模式。

其中：地膜石薯 1 号复种夏玉米种植模式，石薯 1 号 3 月上旬播种，6 月上旬收获；夏玉米 6 月中旬播种，10 月 5 日收获。地膜石薯 1 号复种谷子种植模式，石薯 1 号 3 月上旬播种 6 月上旬收获，谷子 6 月上中旬播种，10 月上旬收获。地膜石薯 1 号套种棉花种植模式，棉花 4 月 25 日后 5 月 1 日前套种在马铃薯行间，马铃薯 6 月上旬收获，棉花正常收获。石薯 1 号两膜覆盖高效种植模式，茬口：石薯 1 号+大葱；石薯 1 号：2 月 20 日播种，5 月 20 日收获，亩产量 2 500 kg 左右，2016 年市场批发价 3.0 元/kg，产值 7 500 元左右；大葱 3 月 15 日播种，5 月 25 日定植，10 月 20 日收获，大葱亩产 6 000 kg，市场批发价 0.8 元/kg，产值 4 800 元/亩；一年两季产值共 12 300 元，扣除成本 3 000 元，亩纯效益 9 300 元。石薯 1 号三膜覆盖高效种植模式：茬口：石薯 1 号+黄瓜+菜豆：石薯 1 号 1 月底 2 月 5 日前播种，5 月 5 日前收获。石薯 1 号亩产量 2 500 kg 左右（批发价 4.0 元/kg），产值 10 000 元左右；黄瓜：品种，播种期 5 月 10 日，采摘期 6 月 10 日—7 月 20 日，产量 7 500 kg，产值 10 500 元/亩（1.4 元/kg）。菜豆 7 月 25 日播种，9 月 10 日开始采摘，菜豆产量 2 500 kg/667m^2，产值 6 500 元/667m^{2}左右（2.6 元/kg）；三茬合计亩产值 27 000 元，扣除成本 5 500 元，亩纯效益 21 500 元。这几种茬口安排合理，可以充分利用有限的土地产生更大的经济效益。

2016 年在衡水在衡水武邑、武强建立马铃薯试验示范基地总面积 1 085 亩。其中地膜种植石薯 1 号面积 880 亩，收获后复种夏玉米面积 750 亩，复种谷子面积 60 亩；两膜种植面积 80 亩；三膜种植面积 125 亩。邢台宁晋建立马铃薯试验示范基地总面积 980 亩。其中地膜种植石薯 1 号面积 605 亩，收获后复种夏玉米 470 亩；两膜种植面积 375 亩。邯郸曲周建立试验示范基地地膜种植套种棉花面积 260 亩。推广面积合计 2 325 亩。

2017 年在衡水武邑县大仲角村、贾寺院村、大刘村，武强县王庄村共建马铃薯示范基地总面积 5 115 亩。其中地膜种植石薯 1 号面积 4 320 亩，收获后复种夏玉米面积 3 355 亩，复种谷子面积 275 亩；两膜种植面积 340 亩；三膜种植面积 455 亩。邢台宁晋县寨子村、楼底村共建马铃薯示范基地总面积 4 170 亩。其中地膜种植石薯 1 号面积 2 745 亩，收获后复种夏玉米 1 320 亩；两膜种植面积 1 425 亩。邯郸曲周西流山寨子村建立示范基地地膜种植面积 1 050 亩，套种棉花面积 650 亩。推广面积合计 10 335 亩。

与当地马铃薯品种费乌瑞它相比，石薯 1 号种植方式亩节水 31.79%，增产率 15.13%，亩增产值 435.5 元。2017 年示范面积 1.033 5 万亩；2016—2017 年示范面积 1.226 万亩；辐射带动周边种植面积 5.16 万亩。

完善了 6 套相应的马铃薯栽培配套技术：石薯 1 号良种繁育技术（技术内容见附件

1）；石薯 1 号春季地膜栽培技术（技术内容见附件 2）；石薯 1 号两膜、三膜覆盖栽培技术（技术内容见附件 3）；石薯 1 号复种夏玉米栽培技术（技术内容见附件 4）；石薯 1 号复种谷子栽培技术（技术内容见附件 5）；石薯 1 号套种棉花栽培技术（技术内容见附件 6）。

附件 1：石薯 1 号良种繁育技术

● 微型薯（原原种）生产技术

1. 防虫日光温室的准备

选择能调节室内温度和空气湿度，可以及时对播种的试管薯进行浇水施肥的日光温室。用泡沫板作为栽培槽，其成本相对较低，且保水保温性较好，栽培畦规格为 5 m×3 m×0.2 m，南北走向，两畦间留出 0.3m 宽的走道。播种试管薯的基质可使用蛭石和草炭按 1：1 的比例配制，该基质保水保肥性较好，通透性好且极易灭菌。每立方米基质加入磷酸二铵 2 kg、尿素 0.5 kg 做基肥，搅拌均匀后填入栽培畦内并整平，基质厚度为 8～10 cm。

2. 温室消毒

石薯 1 号试管薯种植前应对温室进行消毒灭菌，否则原本在无菌条件下生长的试管薯在种植后极易感染各种细菌而死亡，并且马铃薯微型原原种生产要求对基质及生产地进行彻底消毒，以消灭致病原，具体方法为：在种植前 1 个月，用 40% 甲醛 100 倍稀释液浇淋栽培槽，然后覆盖地膜闷 7～10 d，揭膜后 10～15 d 即可种植试管薯，揭膜后应翻挖基质 1～2 次，以使甲醛气味尽快挥发。另外，再用多菌灵 1 000 倍液进行苗床消毒，以杀死各种病原菌，消毒后的苗床 5 d 后即可种植试管薯。

3. 试管薯种植

先打开微喷系统将栽培基质润湿，然后在每个栽培槽内的基质上画网格，网格大小为 6 cm×5 cm，即栽培密度为 330 株/m²，在每个网格线的交叉处用小拇指按出 3～5 cm 深的小孔，将将发好芽的试管薯放入后培上基质。定植完 1 个栽培槽后及时用洒水壶浇 1 遍水。当苗长出 8～10 片叶时，要在苗基部覆盖 1 次混合基质，对匍匐茎起到很好的压实作用。整个生长季需要覆盖基质 2～3 次，以利于结薯。

4. 微型薯原原种生产管理

（1）温度调节

马铃薯是喜凉作物，薯块生长最适温度 15.6～18.3℃，超过 25℃ 便生长不良。因此应及时通风，控制温度。而在冬季种植时，由于温度不高，特别是地温较低，植株生长相对较迟缓，因此早上要晚掀保温被，下午要早盖保温被，但必要的光照不能缺少。

（2）水肥调节

种植后的栽培槽不需要覆膜，浇1遍定植水，之后每天浇水1～2次，保持栽培槽湿润即可。注意观察植株的生长状况，可使用未添琼脂的 MS 培养液，每隔10～15 d 施1次肥，不同生育期肥料的用量及浓度不同。当植株表现出徒长时，可喷施 100 mg/L 的矮壮素进行控制。

（3）光照调节

当种植时间段在夏秋季时，由于光照较强，需要覆盖遮阳网，可用遮光率为70%的遮阳网遮挡幼苗，散射光有利于苗的生长，10～15 d 后撤去遮阳网。冬季移栽后应注意及时卷起保温被，以保证日光温室内的光照。

（4）病害的防治

出苗后及时喷施甲霜灵·锰锌 800～1 000 倍液，杜邦克露、可杀得 2000 等农药交替每周喷1次，连喷3～4次，预防早疫病、晚疫病、黑胫病。蚜虫可用高效氯氰菊酯、吡虫啉防治。

（5）收获

出苗后50～55 d 即可收获，收获前3～5 d 除去栽培槽表面的茎叶，注意减少操作中的机械损伤，然后人工收获原原种，每粒质量 5.0～20 g，每平方米可收获 400～600 粒原原种。收获后的原原种根据质量要求进行产品分级，并放置于4℃的低温环境条件下贮藏。

● 石薯1号原种（一级种薯）生产技术

1. 种薯选择

选用经检测不含病毒的严格防虫网沙（温室）棚生产的脱毒微型薯，储存温度为5～10℃，且必须是自然通过休眠的脱毒微型薯为原原种，以保证原原种顺利通过休眠，并使其具备良好的生理年龄状态。元旦后观察种薯萌发状态，尚未萌动则尽快提升温度催芽，催芽适宜温度为 15～18℃。

2. 生产管理

①原种生产田地块最好在冬前施有机肥深耕耙平，最晚播种前15～20 d 扣棚，洇地浇水造墒顺序完成，确保足墒播种。

②播种期安排在4月下旬，须于温室或保温大棚中完成。密度要求 5 000 株/亩。开沟行距 80 cm，每沟播两小行，小行距 15 cm 左右，种薯株距 16.5 cm 左右。

③施高钾复合肥 70～80 kg/亩，同时施用辛硫磷颗粒剂 5 kg 防治地下害虫。

④保证土壤足墒时播种，芽眼向上覆土厚度 6～8 cm，垄面搂平后喷施乙草胺 80 mL/亩或施田补 150 mL/亩防除杂草。

⑤齐苗后 20 d 左右开始拔除退化株。

3. 病虫害防治

①出苗后根据蚜虫发生情况及时喷施吡虫啉加菊酯类触杀药物防除蚜虫，以后每隔

7 d 防蚜一次，同时加抗病毒剂；视土壤墒情决定浇水时间，浇水时追施尿素 20 kg 促苗，时间大约在出苗后 7～10 d 进行。

② 6 月上旬根据天气变化喷施防治早、晚疫病的杀菌剂 58%的代森·锰锌（大生）或甲霜灵·锰锌，以后每 7 d 防病 1 次。

4. 适时收获

①提倡 9 月上旬收获，根据出苗时间越早越好，最晚不晚于 9 月 20 日。

②为保证原种质量，在收刨后应晾 2 h 再行装袋（或筐）。装袋（或筐）时从先开始收刨的地头起装，以保证薯皮干燥老化，尽量减轻磕皮。

③每天上午收获的原种尽量在中午以前运回库房凉棚，运不完者中午妥善安排，切勿晒坏种薯。下午收刨必须在天黑前运完，注意提前安排装袋、装卸和运输人员。装袋量一致，不宜太满或半袋。装卸轻搬轻放，禁止用脚踩踏种薯。

附件 2：河北二季作区春季地膜石薯 1 号栽培技术

1. 品种选择

选择石薯 1 号脱毒一级种薯。

2. 种薯处理

（1）种薯催芽

春薯催大芽播种比不催芽可以增产 10%以上。具体方法如下：春季播种前一个月左右（2 月 1 日）开始，逐渐提高种薯贮藏的温度，使之苏醒、发芽。一般温度掌握在 15～18℃，黑暗条件下催芽，当芽长 0.5～1 cm 时，将种薯平铺 2～3 层于散射光下，经常翻动使其均匀受光进行炼芽，形成粗壮、黑绿或紫绿的健壮幼芽时切块。

（2）种薯切块

播种前一天切块或随播随切，切时准备两把切刀浸到 75%的酒精消毒液中，每切一个整薯换一次刀，每块保证有 1 个健康芽眼，单个芽块不小于 25 g。根据顶芽优势产量高的原则，多利用顶芽和侧芽，尾芽去掉或将尾芽单种。当切到病烂块时立即扔掉并及时换刀，以防切刀传病。

（3）种薯拌种

每 150 kg 种薯块用 72%甲基托布津 100 g，加 14 g 农用链霉素，掺 2.5 kg 的滑石粉拌种，最好是随切随种，24 h 内必须将切好的种块播种，切记不可长时间堆放切好的种薯，以防高温引起烂种。

3. 整地施肥

当土壤化冻后，尽早施肥、深耕、整地。马铃薯需钾肥最多，氮肥次之，磷肥最少。施肥要遵守"农家肥为主，化肥为辅"和"基肥为主，追肥为辅"的原则。宜选择壤土或沙壤土地块，深耕时结合亩施入有机肥 5 000 kg，深度以 30 cm 左右为宜。亩施硫酸钾 30 kg，氮磷钾复合肥 70 kg 做基肥起垄时沟施。

4. 科学播种

（1）适时早播

河北渤海粮仓示范推广区域一般在土壤 10 cm 地温达到 7～8 ℃ 即可播种。采用地膜覆盖种植马铃薯可提早播种、提高地温、防御晚霜危害，应顶凌播种，即在土壤化冻后越早越好，可提早上市，提高收益。根据当地化冻早晚播期多在 3 月 1—15 日之间播种，马铃薯备种 150 kg/亩。

（2）播种方法

双行起垄种植，垄高 15 cm，垄底宽 70～80 cm，垄距 40 cm，垄上隔 20 cm 开 2 条 10 cm 深的沟，错开种植 2 行，株距 25 cm，播种时芽眼朝上，覆土 8～10 cm，用乙草胺喷洒后覆盖地膜，膜两边压土，防止大风刮开跑墒降温。

5. 田间管理

（1）中耕除草培土

石薯 1 号结薯层主要分布在 10～15 cm 的土层内，疏松的土层有利于根系的生长发育和块茎的形成膨大。当石薯 1 号幼苗出土后，及时将苗放出、放口要小，放后用细土封严；当晚霜过后进行揭膜，中耕除草和第一次培土，封垄前第二次中耕除草培土。掌握 2 次培土后垄高达到 25 cm 左右，以防薯块露头青，并能保证有良好的结薯层。

（2）肥水管理

播种时必须保证足墒，出苗前一般不浇水，出全苗后需要进行第一次浇水。植株长到 20～25 cm 时进行第二次浇水，现蕾时浇第三次水，以后保持土壤湿润状态。但每次浇水要做到"浇沟不淹背"，避免大水漫过垄顶，浇后 4 h 田间不能有积水，否则易造成土壤板结，影响结薯和出现露头青。收获前 7～10 d 停止浇水，如果是沙土地整个生育期应增加浇水 1～2 次。收获前 10 d 停止浇水。结合第一次浇水亩追施尿素 10 kg。现蕾期每亩追施硫酸钾 15 kg；开花期以后不再追施化肥。当进入结薯期后发现徒长时，亩用 15～30 g 多效唑加水 50 kg 喷洒，控上促下。注意如果马铃薯地上没封垄切记不可使用多效唑，否则营养生长不充足易造成减产。

6. 病虫害防治技术

（1）病害防治

河北渤海粮仓示范推广区域地膜种植石薯 1 号最容易发生的病害有早疫病、晚疫病和黑胫病。

① 早疫病。该病常造成枝叶枯死，明显影响产量，病害多从植株下部老叶开始。发病初期在叶片上出现水浸状小斑点，以后发展成圆形、有同心轮纹的褐色坏死斑，最终导致病叶干枯死亡。发病适温 26～30℃，土壤贫瘠、氮肥不足、中后期脱肥早衰，早疫病发病严重。防治方法：施足基肥，增施有机肥和氮肥。发病前用 80% 代森锰锌

可湿性粉剂 600～800 倍液；发病期用 25% 的苯醚甲环唑乳油 600 倍，隔 7～10 d 连续防治 2～3 次。

② 晚疫病。病菌喜日暖夜凉高湿条件，相对湿度 95% 以上，18～22℃ 条件下，有利于发病；通常浇水后、在棚内空气潮湿病害发生严重；叶片染病先叶尖或叶缘形成水浸状绿褐斑点，病斑周围具浅绿色晕圈，湿度大时病斑迅速扩大，呈褐色，并产生一圈浅绿色的晕圈，尤其在叶背面最为明显；干燥时病斑变褐干枯，质脆易裂。防治方法：出齐苗后棚内经常通风放气，浇水后注意通风散湿。药剂预防：连日阴雨或有大雾时，用 70% 代森锰锌可湿性粉剂 800 倍液或 58% 的甲霜灵·锰锌 800 倍液均匀喷雾；发病初期用 72% 霜脲·锰锌可湿性粉剂（克露）600 倍和 68.75% 的氟菌·霜霉威（银法力）800 倍液交替防治 2 次。

③ 黑胫病。黑胫病是因感病植株茎基部变黑而得名。近几年在冀中南有加重趋势，在多雨年份可造成严重危害。症状：幼苗感病，植株矮小节间缩短，叶片上卷褪绿黄化，茎部变黑萎蔫直至死亡。田间病菌可通过灌溉、雨水或昆虫传播。多雨或低洼地块发病严重。防治：注意切刀消毒；切块后用草木灰拌种后立即播种；或播种后用 2% 春雷霉素 400 倍液喷施垄沟后再覆土；出苗后及时拔除田间病株并彻底销毁，然后用噻菌酮 400 倍液叶面喷雾，连用 2 次。

（2）虫害防治

①蚜虫。蚜虫能传播多种病毒，4 月中旬气温上升，温度经常达到 25～26℃，如遇干旱有利于蚜虫发生。小麦防治蚜虫时，一定给马铃薯防治蚜虫，50% 灭蚜威乳油 1 000～1 500 倍；50% 吡虫啉乳油 1 500 倍喷雾。

②地下害虫。常见的有地老虎、蛴螬、金针虫、蝼蛄等。防治方法：一是使用彻底腐熟的有机肥；二是播种沟撒毒土防治，每亩 4～6 kg 的辛硫磷颗粒剂与 25 kg 细土混匀；三是结薯初期浇水每亩灌施辛硫磷乳油 1 kg。

7. 适时收获

石薯 1 号出苗后 60 d 左右，地上茎叶由绿变黄时已基本成熟，应及时采收。为了提早上市也可提前 10 d 开始捡大块陆续收获，提前采收的薯块应及时销售；用于储藏存放的石薯 1 号适当晚收，一般到 6 月底前全部收完，以不耽误下茬种植。

8. 灾害性天气管理

（1）突然降温天气应对

浇水，根据天气预报，如果夜间有强降温，白天可进行灌水。于霜冻来临之前叶面喷施溶液如白糖液或其他叶面肥等。

（2）霜冻后的管理措施

①轻微霜冻。只是部分叶片受冻，喷施叶面肥+甲霜霜脲氰，连喷 2 次。叶面肥由尿素 0.6%+磷酸二氢钾 0.5% 配成。

②严重冻害。植株部分冻死，应施肥浇水。随浇水亩施尿素 10 kg、硫酸钾 20 kg。

附件 3：石薯 1 号两膜、三膜覆盖栽培技术

1. 播种前的处理

播种前的处理同附件 2。

2. 播种时间

两膜覆盖一般在 2 月中下旬播种。

三膜覆盖一般在 1 月底 2 月初播种。

3. 种植方式

播种行向与大棚的走向一致，方便田间管理。采用大垄双行栽培，在垄宽 90 cm 的播种沟内，种植两行。沟内两行之间的距离为 15～20 cm，株距 30 cm，最后将两行培成一个垄，培好垄后覆盖地膜，每 2 个大垄扣 1 个小拱棚。

4. 播种方法

按 90 cm 行距开 10 cm 浅沟，每亩施入三元复合肥 75 kg，纯硫酸钾 25 kg、预防地下害虫的辛硫磷颗粒剂 3～5 kg 与土壤混匀后播种；墒情不足时，播种沟内浇半沟底水，水渗完后播种。播种时将薯芽顺垄沟方向摆放，培土厚度为 8～10 cm。

5. 田间管理技术

（1）温度管理

①出苗前。主要是提高棚内气温地温。要求棚内白天温度不低于 30℃，夜间不低于 20℃；出苗前一般不通风，不揭开拱棚和地膜。

②出齐苗后。及时通风降低棚内温度并炼苗，提高植株抵御低温能力。白天保持在 15～20℃，不超过 25℃，夜间保持在 8～10℃，不低于 5℃。另外，白天要把冷棚内的两层薄膜揭开，以便植株接受充足光照，提高光合作用；棚内温度夜间高于 8℃时可以揭掉地膜。

（2）通风管理

通风可以降低棚内湿度，减少病害发生；还可以降低棚内温度，防治植株高温徒长。如果棚内潮湿，早晨棚内有雾，应马上通风，浇水后必须通风；白天棚内温度超过 25℃，及时通风。

（3）光照管理

石薯 1 号属于喜光作物，特别是结薯期，要求光照必须充足。由于薄膜覆盖遮光，所以大棚内光照条件比露地差，因此应尽量增加棚内光照。出齐苗后白天把大棚内的两层薄膜揭开，晚上覆盖。

（4）水分管理

必须足墒播种，出齐苗后需要浇第一次水，现蕾时进入结薯期浇第二次水，初花期

薯块开始膨大需浇第三次水，以后保持土壤见湿见干。注意：每次浇水都不能大水漫灌，要只浇垄沟，不能漫过垄背；因棚内蒸发量小，防止水分过大，引起烂薯，收刨前10 d停止浇水。

（5）培土

揭地膜后第一次培土，厚度培到苗高的一半，注意培土不能压住底叶，要顺垄培；第二次培土在揭掉中拱棚后封垄前进行；掌握垄高达到25 cm左右，垄底宽达70 cm，垄顶宽50 cm，形成宽肩大背的双垄，有利于结薯，防止薯块露青头。

（6）追肥

底肥施足后，结合第一次浇水每亩追施尿素10 kg，现蕾期追施硝酸钾15 kg。为防止徒长，封垄时用30 g多效唑加100 g磷酸二氢钾对水30 kg叶面均匀喷洒，做到不漏喷、不重喷。

6. 病虫害防治技术

同附件2。

7. 收获储存

（1）收获

石薯1号出齐苗后60 d即可收获，出苗70 d前全部收完。收获应选择晴朗干燥的天气进行。收获过程中，尽量减少机器损伤，避免块茎在烈日下长时间暴晒而影响食用品质。

（2）储存

收获后的石薯1号马铃薯正值市场空缺期，行情好应尽快食用或销售。如需储存，收获后30 d处于休眠期内，将薯块完整、无擦伤蹭皮、表皮干燥的薯块，存放在通风避光的纸箱中或场所即可。如需长期储存，可将马铃薯储存在1~4℃的冷库中。

附件4：春季地膜石薯1号马铃薯复种夏玉米栽培技术

1. 马铃薯栽培技术

春季地膜石薯1号马铃薯同附件2。

2. 玉米栽培技术

（1）品种选择

选用抗旱、抗倒丰产性好，生育期95~100 d的夏播玉米良种。

（2）确定适播期

夏玉米播种时间在6月15日左右。

（3）播种及苗期管理

①精细播种。要选用当年生产的玉米新种子，发芽率必须达85%以上，纯度98%，净度99%以上。适播期内在马铃薯的大行中点播2行玉米，小行距30 cm，株距25 cm，

玉米亩密度3 500~5 500株，播种深度3~5 cm。

②间苗、定苗。玉米间苗一般在 3 叶 1 心时进行，间苗时去除杂、病、弱、虫害苗，保留壮苗。定苗一般在 5 叶 1 心时进行，最好在马铃薯收获完毕后定苗，以免定苗后受到损伤。定苗密度每亩3 500~5 500株。

（4）田间管理

①拔节期管理。玉米定苗、马铃薯收获后，应及时追肥浇水，一般亩追施尿素10~20 kg，可结合追肥封沟以防倒伏。如果此时天气干旱应浇水 1 次。

②抽穗期管理。抽穗期不能干旱，如果雨水少应注意及时浇水；此期还应注意防治蚜虫、黏虫、玉米螟的为害。可用吡虫啉+氯氰菊酯喷雾防治。

③灌浆期和成熟期。以防病和防早衰为主，主要防治纹枯病、黑穗病和大小斑病。

（5）收获

适期收获：进入 10 月上旬，气温下降，当玉米叶片失绿，果穗苞叶完全发黄后再进行收获。因为玉米收获后不种小麦，所以可以尽量晚收有利于玉米增产。

附件5：春季地膜石薯1号马铃薯复种谷子栽培技术

1. 马铃薯栽培技术

春季地膜石薯 1 号马铃薯同附件 2。

2. 复种谷子栽培技术

（1）整地

石薯 1 号马铃薯收获后及时整地，旋地前，一般亩施农家肥 2 500 kg。开沟施入化肥（亩施尿素 10 kg，二胺 20 kg），后起垄栽培，不追肥。

（2）播种

①选用良种。选择适宜本地种植的优质高产品种冀谷 31 号、衡谷 11 号、衡谷 10 号等，生育期在 100 d 以内，当地 10 月 1 日前即可收获。

②播种。单垄宽幅直播，行距27~30 cm 条播，亩播种量 0.75~1 kg，6 月上中旬马铃薯收获后及时播种。播种深度2~3 cm，每亩留苗 4 万~5 万株。

（3）田间管理

①保全苗。谷子籽粒较小，所含能量物质较少，加之干旱等原因，容易造成谷田缺苗断垄，因此，要加强田间管理，2~3 片叶时可以进行查苗补种，5~6 片叶时进行间苗、定苗。

②蹲苗促壮。在水肥条件好、幼苗生长旺的田块，应及时进行蹲苗。蹲苗的方法主要是在 2~3 叶时镇压、深中耕等。

③中耕锄草。谷子的中耕管理大多在幼苗期、拔节期和孕穗期进行，一般 2~3 次。第一次中耕结合间定苗进行，中耕掌握浅锄、细碎土块、清除杂草。第二次中耕在拔节期进行，中耕要深，同时进行培土。第三次中耕在封行前进行，中耕深度一般以 4~5 cm 为宜，中耕除松土、除草外，同时进行高培土，以促进根系发育，防止倒伏。

（4）防治病虫害

①病害。主要有白粉病、黑穗病、谷锈病、叶斑病等。白粉病、黑穗病药剂拌种进行防治；谷锈病，发病初期用 25% 粉锈宁可湿性粉剂 1 000 倍液或 70% 代森锰锌可湿性粉剂 400～600 倍液进行防治，每隔 7 d 防 1 次，连防 2～3 次。叶斑病，用甲基托布津防治。

②虫害。主要有粟灰螟（钻心虫）、玉米螟、黏虫等。防治粟灰螟、玉米螟：每亩用 2.5% 辛硫磷颗粒剂拌细土顺垄撒在谷苗根际，形成药带，也可使用 4.5% 高效氯氰菊酯乳油 1 500 倍液或 40% 毒死蜱乳油 1 000 倍液对谷子茎基部喷雾，并及时拔掉枯心苗，以防转株危害；防治黏虫用 40% 毒死蜱乳油 1 000 倍液喷雾；进入乳熟期，利用噪声、天敌驱赶麻雀，降低鸟害。

（5）收获

谷子适宜收获期一般在蜡熟末期或完熟期。收获过早，籽粒不饱满，谷粒含水量高，出谷率低，产量和品质下降；收获过迟，纤维素分解，茎秆干枯，穗码干脆，落粒严重。如遇雨则生芽，使品质下降。谷子脱粒后应及时晾晒，一般籽粒含水量在 13% 以下可入库贮存。

附件 6：石薯 1 号套种棉花栽培技术

1. 品种选择

棉花选用适宜稀植大棵的品种，也可选用 33B、99B 等普通品种，马铃薯选用石薯 1 号脱毒一级种薯。

2. 种植模式

①棉花选用大棵品种时 1.8 m 一带，马铃薯与棉花 2∶1 种植，每隔 2 行石薯 1 号播 1 行棉花，棉花每亩 2 000 株左右，石薯 1 号每亩 3 500 株左右。

②棉花选用普通品种时 2.4 m 一带，马铃薯与棉花 2∶2 种植，马铃薯与棉花行距 0.5 m，棉花与棉花行距 0.4 m，株距 0.2 m；马铃薯与马铃薯行距 0.6 m，每隔 2 行马铃薯待播 2 行棉花，每亩石薯 1 号和棉花各 3 700 株。

3. 种植方法

（1）整地、施肥、种薯处理
同附件 2。

（2）用种量
棉薯套种亩用种薯 125 kg，杂交棉 0.5 kg 或普通棉种 1 kg。

（3）播期
同附件 2。

（4）播种方法
在整好的地块上每隔 140 cm 开两条相间 60 cm 的马铃薯播种沟，沟深 12～15 cm，沟内撒上底肥和除地下害虫的药剂混土后播种；种薯覆土 8 cm，然后培土成垄，垄面整平后喷洒施田补或乙草胺除草剂。然后每两行马铃薯用厚度为 0.03 mm，宽度 110 cm 地膜覆盖。

4. 石薯 1 号田间管理

田间管理技术同附件 2。

5. 棉花田间管理

（1）播种方法

当土壤 5 cm 地温稳定通过 15℃时即可安排播种。一般河北二级作区播种多在 4 月 20 日—5 月 1 日。将棉籽播在 2 行马铃薯之间的空行上，棉花距马铃薯 50 cm，2 行棉花相距 40 cm。播深 1.5 cm，株距 30 cm，每穴 2～3 粒，亩密度 3 000 株左右。

（2）施肥浇水

石薯 1 号收获后及时给棉田施肥浇水，可一次性把 10 kg 二铵，20 kg 硫酸钾，10 kg 尿素施入，防止施肥过晚造成棉花晚发晚熟，花铃期和后期遇旱及时浇水。

（3）防治害虫

田间要及时防治蚜虫、红蜘蛛及间套作物的棉铃虫转移为害。

抗咪唑乙烟酸谷子新品种冀谷 35 及其配套技术

1. 成果来源与示范推广单位概况

冀谷 35 成果来源于河北省农林科学院谷子研究所。冀谷 35 是河北省农林科学院谷子研究所育成的国内外第一个兼抗咪唑乙烟酸和拿捕净除草剂的谷子品种，将双抗与单抗咪唑乙烟酸，单抗拿捕净、和不抗除草剂的同型姊妹系按照比例混合，通过喷施咪唑乙烟酸，实现化学间苗化学除草，还可以通过喷施拿捕净实现第二次间苗除草。该品种具有高度抗旱、优质、高产、适合机械化收获等突出优点，于 2015 年 1 月通过全国谷子品种鉴定委员会鉴定。

示范推广单位为河北省农林科学院谷子研究所。该研究所是国家谷子改良中心、国家高粱改良中心河北分中心、河北省杂粮研究实验室，以及中国作物学会粟类作物专业委员会的挂靠单位。

2. 主要技术内容

主要完善冀谷 35 配套栽培技术、建立种子繁育体系，并将简化栽培新品种与配套农机结合，建立谷子规模化生产示范样板，为大面积推广奠定技术基础。

3. 组织实施情况与效果

冀谷 35 的示范推广采取科研院所+试验基地+合作社的联合模式，既可以获得科学的试验数据，又可以将新品种新技术进行大面积的示范推广，还可以促进合作社的增产增收。

实施地点位于邢台市威县，建立威县高公庄乡后苏庄村、七级镇大刘庄村 2 个百亩核心区，威县高公庄乡后苏庄村、河岔股、七级镇大刘庄 1 个千亩示范方，威县枣园乡的枣园、官地、邵固村；梨园屯镇的梨园屯村、王世公村 1 个万亩示范区，辐射带动冀中南 17.2 万亩谷子。

百亩核心区，亩产 331.37 kg，较当地谷子品种增产 18.94% 以上，较当地谷子少浇 1 水，亩节水 36.4%，每亩节省间苗除草用工 3 个，亩节本增效 381.08 元。

千亩示范方，谷子平均亩产 319.61 kg，较当地谷子品种增产 14.72% 以上，较当地谷子少浇 1 水，亩节水 34.8%，每亩节省间苗除草用工 3 个，亩节本增效 334.04 元。

万亩辐射区，谷子平均亩产 315.3 kg，较当地谷子品种增产 11.64% 以上，较当地谷子少浇 1 水，亩节水 33.2%，每亩节省间苗除草用工 3 个，亩节本增效 316.8 元。

在推广示范区域建立了适宜的配套栽培技术、良种繁育体系，形成了年繁殖原种 2 560 kg、良种 45 万 kg 的能力。另外，申报国家发明专利 2 项，发表论文 5 篇，成果转化 30 万元。

张莜 7 号饲用燕麦的示范推广

1. 成果来源与示范推广单位概况

河北省农林科学院张家口分院，利用裸燕麦核不育 ZY 材料为桥梁亲本，分别与品 16 号和 8736-35-5-36 复合杂交后，经观察鉴定、品种比较、区域适应性试验、多年多点生产鉴定及大面积示范应用筛选出粮草兼用型裸燕麦品种。2015 年 5 月通过国家小宗粮豆鉴定委员会鉴定。适宜区域为冀中南地区。品种特征特性：幼苗半直立，绿色，生育期 100 d，属中晚品种，侧散型穗，短串铃，株高 131 cm（126～135），穗长 21 cm（20～23），穗铃数 30.6 个（28.4～33.6），穗粒数 73.9 粒（67.7～83.4），穗粒重 1.9 g（1.8～2.0），千粒重 24.6 g（24.4～24.9），籽粒纺锤形，黄褐色，整齐度好。籽粒蛋白质含量 13.72%，碳水化合物 68.75%，脂肪含量 6.06%。

示范推广单位河北艾禾农业科技有限公司，该公司主要经营农牧业技术咨询服务，饲料牧草种植销售，农牧业机械租赁，粗饲料加工、销售，农牧产品初加工、销售。2014 年该公司入驻威县，种植饲料作物供应给君乐宝乐源牧业第一牧场和第二牧场。

2. 主要技术内容

早春精细整地，施足底肥，足墒播种，亩苗数掌握在 25 万～30 万株，一般亩播量在 10 kg 左右。采用机播 12～15 cm 等行距播种，播深 2～3 cm。拔节前后根据墒情苗情进行浇水追肥。注意防治田间阔叶杂草和蚜虫，乳熟期（抽齐穗后约 1 周时间）收获全株燕麦，主要用于青贮或制作干草。

3. 组织实施情况与效果

由河北省农林科学院牵头组织，由河北省农林科学院棉花研究所、河北省农林科学院张家口分院提供技术支持，由河北艾禾农业科技有限公司负责具体设计与实施。

国审燕麦新品种莜 7 号在威县赵村乡示范面积 10 000 亩，2017 年 6 月 8 日，燕麦田间生长时期为乳熟期，专家田间检测结果为：亩产鲜草 3.31 t，比生产对照田增产 13.85%。

巨能粱王 2 号饲用高粱的示范与推广

1. 成果来源与示范推广单位概况

巨能粱王 2 号是自美国安美莱特种业公司引进中熟优质、高产青贮甜高粱杂交种，生育期 90～95 d，具有褐脉和矮化的外型特征。褐脉特性显著降低木质素含量，提高可代谢性能，适口性好。矮化特性赋予其抗倒伏、耐密植、茎叶茂盛，节间缩短，叶/茎比例高等优势。巨能粱王 2 号穗型紧凑，籽粒产量高，显著提高整株的能量供应。综合抗病能力强，高抗高粱霜霉病、炭疽病和镰孢菌茎腐病。耐旱节水，耐瘠薄，适应性广。营养价值与青贮玉米的饲养价值相当，但比玉米具节水特性。

示范推广单位为河北省农林科学院棉花研究所和粮油作物研究所。

2. 主要技术内容

适宜栽培模式：青贮燕麦—夏播甜高粱一年两熟模式，青饲甜高粱春播模式。适宜区域为冀中南地区。

关键栽培技术：适时播种，土壤温度稳定在 15℃ 以上时播种。春播一般在 4 月下旬至 5 月初播种，夏播在 6 月初播种。旱地条播推荐播种量 0.4～0.6 kg/亩；水浇地条播 0.6～0.8 kg/亩，推荐密度 1.2 万株/亩。播种深度 2.5 cm 左右，行距 40 cm。播种时每亩施入 40 kg 复合肥作底肥。在拔节期至孕穗期，根据当地降雨和土壤水分情况，必要时灌溉 1～2 次。出苗前使用土壤封闭除草剂（比如精异丙甲草胺、阿特拉津等）防止苗期杂草。幼苗分蘖后生长很快，不易再受杂草危害。甜高粱做青贮饲料时最佳收获期是蜡熟期，待植株含水量降到 65% 左右时收获。做青料最佳收获期是孕穗期到抽穗期，营养价值最佳。避免霜后收获，低温会导致植株体内有害物质的产生和积累。

3. 组织实施情况与效果

河北省农林科学院棉花研究所作为主要科研力量承担了河北省渤海粮仓科技创新工程"农牧结合循环农业发展模式"研究，在饲草品种筛选与配套栽培模式及关键技术等方面开展了深入研究。河北省农林科学院粮油作物研究所就饲用甜高粱巨能粱王 2 号的青贮加工及饲喂效果进行了系统试验研究。

2016 年，在河北省黄骅、景县、威县、永年、石家庄试点的每亩鲜草产量分别为 4.1 t、4.6 t、5.4 t、4.3 t、4.7 t。2017 年，在威县 20 亩示范区平均亩鲜草产量 4.56 t。

第二部分

新技术示范与推广

·耕作与栽培·

冬小麦节水调优栽培信息化技术示范

1. 成果来源与示范推广单位概况

中国农业大学针对河北缺水低平原区地下水严重超采的现实和小麦节水增产增效的要求，创建了"冬小麦节水省肥高产简化栽培技术体系"，并结合生产实践制定了技术规程，2012 年颁布河北省地方标准。该成果在限水灌溉（春季限浇 1～2 水）条件下，产量水平 450～600 kg/亩；水分利用效率 1.7～2 kg/m³，与常规生产技术相比，亩省灌溉水 50～100 m³，节省氮肥 20%以上。这一套技术措施简化，适合规模化生产。

示范推广单位为中国农业大学吴桥实验站。吴桥实验站是中国农业大学与沧州市和吴桥县政府联合建立的实验站，为独立法人单位，在作物高产高效栽培、农艺节水、区域农作制度等领域不断开展创新型研究，取得"吨粮田技术""小麦节水高产技术""小麦四统一栽培技术"等重要成果，研究与示范推广相结合。

2. 主要技术内容

（1）冬小麦贮墒旱作节水省肥高效技术

针对河北省水资源短缺，地下水超采，实行节水压采，小麦灌溉量需进一步减少的现实需求，节水技术需进一步发展，突出开展了上述节水省肥体系春不浇水模式—贮墒旱作技术的转化应用。确定了该模式的主要技术关键：播前贮墒，播前 2 m 土体贮水量达田间最大持水量的 90%以上，依夏秋降水而定底墒量，一般年份需灌底墒水 50 m³；适期播种，以入冬叶龄达 4～5 叶为最佳，过早则年前耗水多，过晚则根系浅，均不利。10 月 10—15 日为最适播期；选用节水多穗型品种，如石麦 22、农大 399 等；确保基本苗，40 万～45 万/亩；窄行匀播，播后强力镇压，行距 10～15 cm；全肥集中基施，亩施氮量 12 kg，氮磷钾微配合，后期配合一喷三防，喷磷酸二氢钾；全年两熟统筹，小麦早收，夏玉米早播。

经转化示范，该技术已在种田大户大面积应用，其效果如下：节水：免去春灌，再节水 100 m³；节肥：一次性底肥，不追肥，亩减少尿素 15 kg；节地：不作畦埂，减少土地浪费，增加播种面积 13～15%；节工：不浇水、不追肥、不作畦，减少人工投入；节时：小麦成熟提早 4～6 d，夏玉米早播增产；丰产：冬小麦产量 400 kg 以上，夏玉米产量 600 kg 以上，全年保吨粮；增效：种田大户最适用。

（2）冬小麦超晚播节水省肥高效技术

针对近年结构调整，发展一季作物，辣椒等高效作物面积扩大，棉花、辣椒等作物倒茬小麦，小麦播期推迟到 10 月底至 11 月中旬，属超晚播类型（冬前 0～2 叶），需要研究超晚播小麦生育规律，建立超晚播小麦节水高效配套栽培技术。为此，开展了适应此种类型小麦的适应技术对比试验。明确在春浇 1～2 水条件下，超晚播配合高播种密度可以获得亩产 450 kg 以上的产量，同时耗水量较少，水分利用效率达到较高水平。明确超晚播抗旱节水小麦品种的共同特征是：株型较直立、成穗率高，穗容量大，穗型紧凑，穗层整齐，株高中等，茎秆细而韧性强，叶片持绿性好，种子根较多，穗粒数稳，籽粒灌浆早而快。明确超晚播小麦春季浇水时间宜推迟到倒 2 叶伸出至孕穗期，此期浇水对群体基部节间和上层叶片影响很小，促进开花提早，并增加后期光合功能持续性，有利于获得高产。明确在中上等地力上，超晚播栽培适宜施氮量为 10～12 kg。在此施氮量下，以一次性底施为宜。超晚播丰产穗粒结构：对大面积示范田考察表明，小麦浇足底墒，实现亩产 450 kg 以上，应确保亩穗数 45 万穗以上，在此基础上，提高穗群均匀性，使平均穗粒数达到 25 粒以上，千粒重 40 g 以上。

3. 组织实施情况与效果

在吴桥县沟店铺乡蒋家控村和曹洼乡曹洼村，建立了 2 个万亩技术示范基地。调查了示范区土壤肥力与水源分布和灌溉条件，并分析了现行小麦生产现状、问题及技术难点，分片确定了技术实施方案。根据常规生产农户灌溉用水多、施氮量过高、经济效益低的突出问题，确定了水肥管理模式，以春浇 1～2 水作为主要的节水灌溉模式，氮肥施用量为 11～13 kg，技术示范目标产量为 500～600 kg。建立核心示范片 100 亩，重点示范只浇底墒水、生育期不浇水的"冬小麦贮墒旱作栽培"技术模式，产量目标为 400～500 kg。根据不同限水灌溉下当地品种产量及综合适应性表现，推荐节水示范区主选的适宜品种。选配的节水高产种植主要品种为石麦 22、农大 399、衡 4399、济麦 22 等。建立了示范区农田基础与技术档案。确定 20 户农田为定位跟踪示范田，全程监测生产与技术应用田间动态变化情况。

重点开展了冬小麦贮墒旱作节水省肥高效技术和冬小麦超晚播节水省肥高效技术的转化试验并示范。着力抓好匀播镇压技术，提高整地播种质量，提升苗群和穗群均匀度。

针对当前普遍旋耕，秸秆还田不碎不匀影响出苗质量的问题，突出改进播后镇压技术。研制了手扶式和自走式两种新型麦田镇压机械，镇压强度和均匀度好，作业效率高，很受农民欢迎，已在示范区全面推行应用。该项机械 2015 年获得国家专利，并在 2015 年全国秋播技术现场观摩会和 2016 年山东省麦田春季管理现场会上演示，受到农业部农技中心和多省地农业部门好评，正在全国推广，2 年内产品已销售北京、陕西、山东、河南、河北、安徽等多省市。

经专家测产，两年技术示范田平均亩产 533.2 kg，比对照区（468.0 kg）亩增产 13.9%，平均节省灌溉水 50 m³，节水 25%，节省氮肥量 25%，亩增效益 25% 以上。全县辐射推广面积 150 000 亩，实现了高产高效。

冀麦518小麦节水高产栽培技术集成与示范

1. 成果来源与示范推广单位概况

"冀麦518"是由河北省农林科学院粮油作物研究所育成的小麦新品种，2013年4月通过河北省农作物品种审定委员会审定，审定编号：冀审麦2013007号。该品种属半冬性中晚熟品种，平均生育期244 d。幼苗半匍匐，叶色深绿，分蘖力较强，主根发达。成株株型较松散，株高75.7 cm左右。穗纺锤型，长芒，白壳，白粒，半硬质，籽粒较饱满。亩穗数39.1万，穗粒数34.7个，千粒重41.7 g，容重793.0 g/L。抗倒性强，抗寒性较好。种植区域在河北省中南部冬麦区中高水肥地块种植。2014年9月经河北省农林科学院旱作农业研究所鉴定，"冀麦518"抗旱指数达到1.125，较对照邯4589提高11.6%，属抗旱性强品种，更适宜在邯郸市鸡泽县节水区域推广。

示范推广单位为鸡泽县蕾邦农作物种植专业合作社。该合作社流转土地和社员入股土地1 800亩，以种植棉花、小麦、玉米为主。

2. 主要技术内容

（1）夯实播种基础

选择节水稳产品种，根据气候特点、品种特性、水肥、土壤等因素，坚持"丰产性、抗逆性兼顾"的原则，选择对路品种，目前适宜鸡泽县种植的小麦节水稳产品种有冀麦518。种子处理，为预防土传、种传病害及地下害虫，可以使用杀虫剂、杀菌剂及生长调节物质包衣的种子。未包衣的种子，应采用药剂拌种。预防根腐病、纹枯病、黑穗病及地下害虫，用40%辛硫磷100 mL、2%立克锈150 g（或2.5%适乐时150 mL），对水5 kg，拌种100 kg，闷种4~8 h，晾干后播种。全蚀病病区药剂拌种，在以上配方中另加12.5%全蚀净200 mL，其他药剂和方法不变；在因收获期间遇雨等原因造成种子质量较差的年份，不提倡用含三唑类的杀菌剂包衣或拌种。足墒播种在节水栽培中非常重要，通过浇足底墒水来调整土壤贮水，可推迟春季灌水时间，同时利于一播全苗。凡播种前没有50 mm以上有效降雨的，应在前茬玉米收获后浇底墒水，浇水量40~45 m³/亩。为争取农时，也可在玉米收获前10~15 d浇水，这样玉米收获后可以立即施肥整地，保证苗齐苗壮和安全越冬。测土配方施肥，为培肥地力，应适量施用有机肥，根据肥源情况，每亩施用烘干鸡粪200~230 kg或其他有机肥1.5~2 m³；根据地力基础和目标产量，进行测土配方施肥；要达到高产目标，一般每亩施纯氮12~16 kg、五氧化二磷8~10 kg、氧化钾4~6 kg，硫酸锌1~1.3 kg，全部有机肥、磷肥、钾肥、微肥及氮肥的50%底施。提倡秸秆还田，并按标准化作业程序整地。在玉米收获的同时或收获后，在田间将秸秆切碎或粉碎2遍（茎段长3~5 cm）并铺匀，然后施用底肥。已连续3年以上旋耕的地块，须深耕20 cm以上，耕后耙地、糖压、耢地，做到耕层上虚下实，土面细平底墒充足。最近 3 年内深耕过的地块，可旋耕 2 遍，深度大于 10 cm；必须确保旋耕质量，以防影响播种质量，造成缺苗断垄；结合整地修整好田间灌溉用的垄沟。采用地下管道输水的，垄沟宽不超过 70 cm。推广小麦保护性耕作节水技术，实行免耕、少耕和农作物秸秆粉碎覆盖还田，采用小麦免耕播种机一次完成开沟、施肥、播种、覆土和镇压等复式作业，选择性进行深松（隔 2～3 年深松一次）和其他表土耕作，改善土壤结构和地表状况，减少土壤风蚀、水蚀和沙尘，提高土壤肥力和作物抗旱节水能力，实现节本增产增效。

（2）播种技术

根据最近对不同地区冬前积温、小麦播种到长成壮苗所需要积温的综合研究结果，鸡泽县小麦适宜播种期为 10 月 5—15 日，具体运用中还要根据当年的温度条件和前茬玉米成熟情况综合掌握，避免早播，这样可以降低小麦冬前生长量，减少冬前耗水、有效防止冻害。在上述适宜播种期范围内播种的，播种量为 10～13 kg/亩。上述适宜播种范围内以后播种的，每推迟 1 d 增加播种量 0.5 kg/亩。行距配置，推广宽畦等行密植播种技术，播种行距 14～15 cm，畦宽 3～4 m，畦埂宽度不超过 30 cm，以提高田间均匀度，减少地面无效蒸发，充分利用土地及光热水肥资源，有效增加亩穗数，实现增产增收；同时，对于容易出现缺苗少苗的地头垄边，要人工处理，确保一播全苗。小麦规模化生产及种植大户可示范、推广小麦等行无畦全密种植技术，大田不留畦埂，不留畦沟、等行全密播种，采用移动式节水喷灌、测土配方施肥，降低高度强度和种植成本，提高土地利用率，达到节水、节肥、增产的目的。筑造小畦，采用小畦灌溉可以有效地节约灌水量，根据地块走向和平整情况，一般畦宽 6 m 左右，长 7～9 m，面积 40～60 m² 为宜。畦宽和畦长不宜过窄、过长。播种深度 3～5 cm，在此深度范围内，要掌握早播宜深，晚播宜浅；沙土地宜深，黏土地宜浅；墒情差宜深，墒情好宜浅的原则；包衣种子要比未包衣的的种子播种浅一些。采用播后镇压，播后镇压可以有效地碾碎坷垃、踏实土壤、增强种子与土壤的接触度，提高出苗率，促进根系及时喷发与生长，麦苗整齐健壮，既抗旱又抗寒，减轻旱害和冻害的影响。播种后根据墒情适当镇压；晴天、中午播种，墒情稍差的，要马上镇压；早晨、傍晚或阴天播种，墒情好的，可待表层土壤适当散墒泛白后镇压；镇压后最好用铁耙耢一遍，保证表层土暄。

（3）冬前管理

出苗后要及时查苗，发现麦垄内 10～15 cm 无苗应及时补种，补种时用浸种催芽的种子。对于出现疙瘩苗的地块要尽快进行疏苗；如果在分蘖期出现缺苗断垄，就地疏苗移栽补齐；补种或补栽后实施肥水偏管。冬前病虫草害防治，出苗期采用 10% 吡虫啉 1 000 倍液或其他菊酯类杀虫剂在田边和地头喷 5～10 m 宽的药带，防止灰飞虱等害虫迁入。有小地老虎为害的，出苗后用 50% 辛硫磷乳油按农药与细土的比例 1∶200 配制毒土，每亩 30 kg 撒入田间，防治小地老虎；播种较早，有土蝗、蟋蟀为害的，每亩用 10 kg 麦麸拌入常用杀虫剂，中午撒入田间防治。杂草秋治效果好、成本低、安全性高，要抓住冬前有利时机积极开展化学除治；在杂草基本出齐，日最低气温 5℃ 以上，小麦 3～5 叶，杂草 2～3 叶期根据杂草特点进行防治，以禾本科杂草节节麦、野燕麦为主的地块，可用世玛或阔世玛等除草剂防治；以阔叶杂草为主的地块可用苯磺隆等除草剂防治；对于禾本科杂草和阔叶杂草混发麦田，采用上述两种药剂混配防治。合理冬灌，在播种前浇足底墒水，保证一播全苗。一般不再浇水；如果播种前下雨，但雨量不足，仅能保证趁墒播种，不能保证安全越冬，需要浇冻水。冬灌过早，气温高，蒸发量大，入冬时失墒过多，起不到冬灌应有的作用。灌水过晚，温度太低，水不易下渗，很可能造成积水结冰而严重死苗。适宜的冬灌时间应根据温度和墒情来定，一般在日平均气温3℃时开始，即"夜冻日消，冬灌正好"，每亩灌水量40～45 m^3，灌水后及时锄划，松土保墒。整地质量差土壤粘重坷垃较多透风漏气、秸秆还田旋耕整地土壤过暄、播深浅于2 cm或土壤沙性大的麦田应浇好封冬水；一般低洼地、黏土地先灌；沙土地失墒快，应晚灌。冬前及冬季禁止麦田放牧，在小麦冬前及越冬期间，加强宣传和看护，严禁麦田放牧。

（4）春季管理

受地力水平、播种基础和越冬期气象条件等的影响，春季麦田苗情变化大，管理上要根据苗情、墒情，做好分类指导，通过镇压锄划提墒保墒，适当推迟春季第一水，化控防倒等措施，控制无效分蘖的生长，促进小麦两极分化，构建合理群体，同时加强病虫草害的防治。

镇压锄划，增温保墒，对群体和墒情适宜麦田，早春先镇压后锄划，可以增温保墒，麦苗更加健壮；对群体过大和有旺长趋势的麦田，在早春晴好的午后进行镇压，抑制地上部生长，起到控旺促壮作用。二是对土壤墒情较差的及耕作粗放、坷垃较多的麦田，进行镇压，压碎坷垃，弥封裂缝，保温提墒，避免早春冻害，促苗早发。节水灌溉，免浇返青水，一般年份春季免浇返青水，促使小麦根系下扎，充分吸收土壤深层水，既能节水有避免了春季浇水对地温回升的影响，但要注意春季免浇返青水一定要和中耕锄划与镇压相结合。浇好春季第一水，根据土壤墒情和小麦苗情，浇好春季第一次关键水，对群体偏大和群体适宜麦田，将春季第一水推迟到拔节期，春水晚浇，促根控叶，保障孕穗期水分供给；对群体较小、苗情稍差以及严重缺墒的麦田，在起身期浇春季第一水。选择节水灌溉方式，浇水时选择合理灌溉方式，通过定额灌溉、移动式喷灌、固定式喷灌等，达到节水稳产的目的。合理施肥，一般地块，结合春季第一水亩施尿素15～20 kg，通过肥水的合理搭配，保障小麦节水稳产。化控防倒，对群体偏大麦田，要在做好镇压、锄划、水肥调控的基础上，采取化控防倒措施，小麦起身期喷施壮丰安、多效唑等植物生长调节剂，培育壮苗，缩短基部节间、降低株高，提高抗倒能力。防治病虫草害，开展病虫害的预测预报，及时防治麦田纹枯病、根腐病、红蜘蛛、蚜虫等，温度回升小麦返青后至拔节前搞好春季麦田杂草除治。预防倒春寒，春季气温多变，极易发生倒春寒，要密切关注天气变化防止早春冻害，及时采取中耕、叶面喷肥、灌水等应对措施。

（5）中后期管理

麦田中后期要重点搞好小麦锈病、纹枯病、赤霉病、白粉病、吸浆虫、麦蜘蛛、麦蚜等病虫害的调查与防治工作。尤其是小麦吸浆虫，应引起高度重视，及时防治，防治分两次进行，第一次在小麦拔节后期—孕穗期，亩用2.5%的甲基异柳磷颗粒剂1.5～2 kg拌细土15～20 kg撒施；第二次在小麦抽穗后扬花前，用30%的敌敌畏·氧乐乳油

800～1 000 倍喷雾防治。浇好开花水，在免浇返青水、推迟春一水到拔节期的基础上，浇好开花水。小麦抽穗后 2～3 d 即开花，抽穗开花期是小麦需水关键期，日耗水量达到最高峰，随后进入灌浆期，也是产量形成关键期，从抽穗到灌浆最适宜土壤相对含水量在 75%～90%，此期干旱对产影响很大，浇好这一水至关重要；浇水时看天气浇水，大风之日和大风来临前一天不可浇水以防倒伏；缺肥麦田视苗情及前期追肥情况，适当补肥，时间不要过晚，以免造成小麦贪青晚熟，一般在孕穗到开花期亩追尿素 5～10 kg。灌浆期"一喷多防"，灌浆期是产量形成的最重要期，也是多种病虫危害期和干热风易发期，重点抓好"一喷多防"，以防病、防虫、防倒伏和干热风，延长灌浆时间，提高灌浆强度，促进光合产物积累，提高千粒重；首次"一喷多防"在抽穗后开花前进行，以防治吸浆虫、蚜虫为主，兼治赤霉病、白粉病、锈病等，并预防干热风和早衰；第二次在开花后 10 d 左右进行，重点防治穗蚜、赤霉病、白粉病，并预防干热风和早衰，叶片有早衰迹象的每亩可以加入磷酸二氢钾 100 g 对水 30 kg 进行喷雾。拔除田间杂草特别是禾本科恶性杂草，小麦拔节后一般不能再使用化学除草剂，以免对小麦不利及引起下茬作物药害。可在田间杂草还没有结籽时，及早人工拔除，并带出田外，尤其是野麦子、节节麦、雀麦等。

（6）适时收获，丰产丰收

收获要在小麦蜡熟末期进行，过早收获水分大，灌浆不充分，降低千粒重和品质，过晚收获易落粒，损失大。蜡熟末期至完熟初期及时用能将麦秸粉碎、抛匀的联合收割机收获。割茬高度不高于 15 cm。

3. 组织实施情况与效果

自小麦播种开始，采取了一系列扎实的的具体的技术措施，一是做好小麦播前准备工作，精细选种，进行拌种；二是提高秸秆还田质量，增加土壤有机质含量，提高保水保肥能力，利用自有农机成本低的优势对秸秆粉碎两遍，长度不超过 3 cm，便于腐熟，提高了田间出苗率；三是深翻深松，精细整地，核心示范区深松达到 25 cm 以上，深翻后进行垂直方向耙地两遍，达到平坦无坷垃；四是浇足底墒水，足墒播种；五是施足底肥，每亩用高含量复合肥 50 kg；六是精细化播种，每亩播量 9～10 kg，平均基本苗在 20 万～22 万；七是播后进行镇压，达到了一次全苗，苗齐苗壮；八是加强田间管理，积极防治田间杂草和小麦吸浆虫、蚜虫，把病虫害的损失降到了最低；通过采取以上综合措施，1 300 亩核心示范区达到预期产量和节水目标。

通过引进示范推广冀麦 518 小麦新品种，制定"冀麦 518"规范化节水栽培技术规程，优化集成小麦节水增产深松镇压综合配套栽培技术，良种良法配套。一是储水节水，浇足底墒水调整麦田土壤储水，保证 2 m 土体的储水量达到田间最大持水量的 90% 左右。二是平衡营养利于节水，适量氮肥，适宜基肥底肥比例，集中足量施用磷肥，高产田补施钾肥，配合中微量元素施用，亩施纯氮 10～12 kg，底肥比例 60%，追肥比例 40%；亩施五氧化二磷 8～10 kg；高产地块亩施氧化钾 5～7 kg。三是充分发挥品种特性农艺节水，适期晚播，播期播量配合适宜，冬前限制土壤水的利用，有利于节水省肥；利用该品种初生根发达，可以适当增加基本苗窄行匀播，精细整地，每隔 2 年深松

1 次，耕深 30 cm；旋耕 2 遍，耕深 15 cm，扩大根群中初生根比例，充分利用地下深层水源；播后严格镇压，播种深度一致，提高小麦抗旱抗寒能力，减少水分散失；春季浇关键水，提高水分利用效率；实施一喷综防技术，预防倒伏病虫草害发生，减少水分消耗。充分利用和发挥品种的抗旱性强的特性，采取综合配套农艺技术，达到整个生育期节水 1.3 次，节水 60 m³/亩，实现节水高产。

建成一个核心示范区面积 1 300 亩，运用组装配套的集成技术在鸡泽县曹庄乡、小寨镇推广示范面积达到了 26 300 亩。采用节水技术，通过修建防渗管道，播种时足墒下种，适当推迟春一水，确保拔节水，小麦全生育期灌水 2 次，少浇 2 水，达到亩均节水 60 m³，共计节水 157.8 万 m³。田间测产，平均亩产为 564.7 kg，对照区为 501.0 kg，亩增 63.7 kg，增产幅度为 11.27%，共计增产小麦 167.5 万 kg。

玉米宽窄行一穴双株增密高产种植技术示范与推广

1. 成果来源与示范推广单位概况

沧州市农林科学院滨海低平原生产生态研究创新团队经过多年试验研究，形成了适宜当地推广的玉米宽窄行一穴双株增密高产种植技术体系，2015 年 1 月通过河北省质量技术监督局组织的专家审定形成了《玉米宽窄行一穴双株增密高产种植技术规程》作为河北省地方标准予以颁布执行，标准号：DB 13/T 2181—2015。2016 年沧州市农林科学院授权泊头市种子协会使用该技术申报渤海粮仓科技示范工程技术成果转化。泊头市种子协会当年进行成果转化 10 万亩，促进了当地玉米增产增收。

示范推广单位为泊头市种子协会。该协会是社会团体法人，业务范围包括从事种子及农业专业技术的开发试验、示范、普及、咨询、转化、推广、服务等活动。

2. 主要技术内容

玉米实行宽窄行一穴双株种植方式，春播玉米采用起垄覆膜侧播一体机，夏玉米采用专用宽窄行播种机，即宽行 70 cm、窄行 40 cm、穴距 40 cm，每穴 2 株，设计密度 5 500 株。春夏播均实行种肥异位同播，春播 4 月下旬至 5 月下旬、夏播 6 月 20 日前适期适墒播种，播深 3～5 cm，亩底施玉米控释肥 50～60 kg、大喇叭口期亩追施尿素 20 kg。加强病虫草害防治，完熟期收获。

3. 组织实施情况与效果

在寺门村、四营、营子、王武等乡镇示范村建立示范基地。其中寺门村镇潘屯示范基地 2 380 亩，四营乡四营村示范基地 2 600 亩，王武镇东官道 4 200 亩，营子石桥示范基地 1 850 亩。基地辐射推广到周边乡村，完成新技术推广面积 10 万亩以上。协会建立核心示范田，展示宽窄行、一穴双株、种肥配套技术的优势和增产增效效果。通过示范基地建设，建立了协会-新型农业经营主体—示范户、农科院—协会—农业合作社—农户、农业局—协会—合作社—示范户等多条农业科技服务网络体系。

大卢屯夏玉米核心示范区 1 000 亩，平均亩产玉米 631.9 kg，比对照亩增产 94.6 kg，节水 60m³，增产 17.6%。总增玉米 14.19 万 kg、节水 9 万 m³。

宋八屯春玉米核心示范区亩产 728.3 kg，亩增产 160.7 kg，增产 28.3%；黄屯玉米宽窄行示范区平均亩产 648.3 kg，比对照亩增产 113.2 kg，增产 21.1%。总增产玉米 13.7 万 kg、节水 6 万 m³。

环渤海区闲散低产田杂交谷子高产节水栽培技术

1. 成果来源与示范推广单位概况

"杂交谷子高产节水栽培技术规程"是由中国科学院遗传与发育生物学研究所农业资源研究中心制定和颁布的河北省地方标准。

以河北省质量技术监督局审定通过的地方标准"杂交谷子高产节水栽培技术规程（DB 13/T 2153—2014）"成果为主要技术依托，通过该成果转化，提高老百姓杂交谷子的节水种植技术，为河北省压采政策提供技术支撑，同时增加老百姓的效益。"杂交谷子高产节水栽培技术规程"规定了从播种到收获所有的栽培技术和措施。包括播前准备、播种时期、定苗、中耕锄划、水分管理、肥料管理、病虫害防治以及机械化播种和收获等技术。主要关键技术为：适雨宽泛播种技术、贴茬播种技术、因地制宜保全苗技术、地膜覆盖减蒸降耗技术、垄膜微集雨技术、缩畦减灌微软管节水补灌技术和调亏灌溉技术、雨养旱作技术、杂交谷子特有的间苗技术和播种收获方式等。

示范推广单位为中国科学院遗传与发育生物学研究所农业资源研究中心。该中心针对华北地区严重缺水、耕地质量变差等问题，系统开展了资源节约型技术研究，以农业水资源高效利用研究为主攻方向，开展了农田水分循环机理及界面调控技术研究、生物节水潜力与机制研究和节水灌溉制度和农艺节水技术等方面的研究。

2. 主要技术内容

（1）宽泛播种、品种混搭、贴茬播种技术

宽泛播种，通过品种调控或者前茬作物的差异，延长最适播期，拓宽播种阈值。增加适雨播种概率，减少或省去灌溉底墒水，提高雨水利用效率。种植户可以根据地块实际情况和茬口安排，选择合适的品种种植。贴茬播种，前茬为麦茬，残茬高度小于10 cm，就可以贴茬免耕播种。为了抢墒、延长生长时间，节约成本，可以贴茬播种。一般用于生育期长的品种。品种混搭，主要针对种植面积较大的农业合作社、家庭农场和种植大户。品种特性不一，抗倒伏和高产潜力存在差异，品种混搭可以分批播种分批收获，在规避风险的同时，还可以获得较高的经济效益。

（2）杂比定量、因地制宜、保全苗技术

大面积播种前要进行苗期试验，按照杂交苗和自交苗的比例，根据土壤墒情、灌溉方式、上下茬口残茬情况，合理安排播量。留苗密度一般在3万~4万株，土壤略干的建议加大播量，喷灌的、适雨播种的建议加大播量，旋耕后先播种后喷灌建议加大播量。

（3）深播浅埋微集雨技术

在降雨较少的地区或年份，播种时采用深播浅埋微集雨技术。播种深度是3~

5 cm，回填土 1～2 cm，形成微集雨模式。这样能充分利用雨水，减少对灌溉水依赖。开花前进行中耕除草 1 次，封垄培土，行间又形成微沟，既可扩大微集雨，又增加抗倒伏能力，同时充分利用 8—9 月降雨。

（4）补墒旱作或雨养旱作技术

在极端干旱的年份，根据土壤墒情进行补墒播种。播种后整个生育期不进行灌溉。雨养旱作栽培就是适雨播种后整个生育期不进行灌溉。一般选择生育期短的品种。雨后播种，种肥统播。

（5）缩畦减水调亏灌溉技术

缩畦减水调亏灌溉的畦面面积一般为 15～25 m^2 为最佳，并且畦面一般设置为方形；无须设置水渠，软管在田埂即可灌溉；灌溉采用分段塑料软管灌溉装置；软管长度是畦田长度的 2 倍，一口四畦，连接采用卡扣连接。亩灌溉量在 25～30 m^3，既可减少灌溉量 30%，又可缩短灌溉时间，节本增效。

3. 组织实施情况与效果

示范基地位于衡水市和石家庄市。

在衡水市故城县武官寨镇东大洼、军屯镇牛庄建立示范基地 5 000 亩，石家庄市栾城区柳林屯乡示范基地 13 000 亩。在故城县、冀州市、枣强县、景县、桃城区、栾城区共辐射推广 34 000 亩。共转化 52 000 亩。

衡水市故城县武官寨镇东大洼、军屯镇牛庄等核心示范区 5 000 亩，辐射区 2.9 万亩，栾城县柳林屯乡牛村核心区 13 000 亩，辐射区 5 000 亩，共为 5.2 万亩。

盐碱荒地每亩增产 246.57 kg；高产节水栽培亩产 433.4 kg，传统栽培 341.4 kg，每亩增产 26.9%。高产节水栽培比传统种植区每亩节约成本 210 元，每亩增收 522.8 元，增效 93.23%。

转化推广的 5.2 万亩谷子比传统的杂谷种植可节约成本 1 092 万元，增加经济效益 1 202.63 万元。具有较高的经济效益，和玉米相比，每亩可增加收入 627.56 元，与黄豆相比，每亩可增加收入 758.56 元，深受老百姓和合作社的欢迎。

通过该技术的示范推广，县域内杂交谷子种植面积、品种、高产节水关键栽培技术大幅度提升；扶持合作社 15 个；新增子合作社到 63 个，带动了周边县市种植杂谷的热情。淡水的节约，对缓解地下水开采具有重要意义，为地下水压采条件下种植结构调整为春节水、夏雨养的一年两熟制提供了技术支撑，故具有良好生态效益。

压采条件下杂交谷子高产高效用水栽培技术

1. 成果来源与示范推广单位概况

该技术以河北省质量技术监督局审定通过的地方标准"杂交谷子高产节水栽培技术规程（DB 13/T 2153—2014）"成果为主要技术依托。"杂交谷子高产节水栽培技术规程"规定了从播种到收获所有的栽培技术和措施。包括播前准备、播种时期、定苗、中耕锄划、水分管理、肥料管理、病虫害防治以及机械化播种和收获等技术。主要关键技术为：适雨宽泛播种技术、贴茬播种技术、因地制宜保全苗技术、地膜覆盖减蒸降耗技术、垄膜微集雨技术、缩畦减灌微软管节水补灌技术和调亏灌溉技术、雨养旱作技术、杂交谷子特有的间苗技术和播种收获方式等。

示范推广单位为中国科学院遗传与发育生物学研究所农业资源研究中心。该中心针对华北地区严重缺水、耕地质量变差等问题，系统开展了资源节约型技术研究，以农业水资源高效利用研究为主攻方向，开展了农田水分循环机理及界面调控技术研究、生物节水潜力与机制研究和节水灌溉制度和农艺节水技术等方面的研究。

2. 主要技术内容

（1）宽泛播种、品种混搭、贴茬播种技术

宽泛播种，通过品种调控或者前茬作物的差异，延长最适播期，拓宽播种阈值。增加适雨播种概率，减少或省去灌溉底墒水，提高雨水利用效率。种植户可以根据地块实际情况和茬口安排，选择合适的品种种植。贴茬播种，前茬为麦茬，残茬高度小于10 cm，就可以贴茬免耕播种。为了抢墒、延长生长时间、节约成本，可以贴茬播种。一般用于生育期长的品种。品种混搭，主要针对种植面积较大的农业合作社、家庭农场和种植大户。品种特性不一，抗倒伏和高产潜力存在差异，品种混搭可以分批播种分批收获，在规避风险的同时，还可以获得较高的经济效益。

（2）杂比定量、因地制宜、保全苗技术

大面积播种前要进行苗期试验，按照杂交苗和自交苗的比例，根据土壤墒情、灌溉方式、上下茬口残茬情况，合理安排播量。留苗密度一般在3万～4万株，土壤略干的建议加大播量，喷灌的、适雨播种的建议加大播量，旋耕后先播种后喷灌建议加大播量。

（3）深播浅埋微集雨技术

在降雨较少的地区或年份，播种时采用深播浅埋微集雨技术。播种深度是3～5 cm，回填土1～2 cm，形成微集雨模式。这样能充分利用雨水，减少对灌溉水依赖。开花前进行中耕除草1次，封垄培土，行间又形成微沟，既可扩大微集雨，又增加抗倒伏能力，同时充分利用8—9月降雨。

（4）补墒旱作或雨养旱作技术

在极端干旱的年份，根据土壤墒情进行补墒播种。播种后整个生育期不进行灌溉。雨养旱作栽培就是适雨播种后整个生育期不进行灌溉。一般选择生育期短的品种。雨后播种，种肥统播。

（5）缩畦减水调亏灌溉技术

缩畦减水调亏灌溉的畦面面积一般为 $15 \sim 25 \ m^2$ 为最佳，并且畦面一般设置为方形；无须设置水渠，软管在田埂即可灌溉；灌溉采用分段塑料软管灌溉装置；软管长度是畦田长度的 2 倍，一口四畦，连接采用卡扣连接。亩灌溉量在 $25 \sim 30 \ m^3$，既可减少灌溉量 30%，又可缩短灌溉时间，节本增效。

3. 组织实施情况与效果

示范基地位于衡水市故城县和石家庄市栾城区柳林屯乡。故城县建立示范基地 6 070 亩，栾城区柳林屯乡示范基地 7 640 亩。共示范推广 13 710 亩。

故城县张杂 11 杂谷品种示范田平均亩产 330.09 kg，较常规方法栽培的张杂谷 11 号（亩产 286.04 kg）亩增产 44.05 kg，增产 15.40%；栾城区张杂谷特早 1 号品种示范田平均亩产 403.85 kg，较对照常规方法栽培的张杂谷品种特早 1 号（亩产 345.23 kg）亩增产 58.62 kg，增产 16.98%。故城县核心示范区张杂 11 号比传统种植减少底墒水 1 次，节约灌溉水 62.5%；栾城区核心示范田特早 1 号雨养旱作，整个生育期不灌溉，节约灌溉量 100%。

转化推广的 13 710 亩谷子比传统的杂谷种植可节约成本 140.14 万元，增加经济效益 299.53 万元。共节本增效 439.67 万元。

通过该技术的实施，节约了淡水，节约了劳动力和电费水费等成本。节约了淡水 60.91 万 m^3，对缓解地下水开采具有重要意义；为地下水压采条件下种植结构调整为春节水、夏雨养的一年两熟制提供了技术支撑，故具有良好生态效益。

巨鹿县特早一号杂交谷成果转化技术
推广与示范

1. 成果来源与示范推广单位概况

特早一号杂交谷是张家口市农业科学院与河北治海农业科技有限公司合作育成的晚夏播杂交谷新品种。特早一号杂交谷生育期 80 d 左右，株高 85～90 cm，7 月 15—25 日播种，10 月 10—15 日成熟，一般亩产 300 kg，高产可达 400 kg。河北省油葵面积不断扩大。油葵收获后种植特早一号杂交谷解决了油葵收获后土地闲置问题，提高了单位面积土地的效益，为冀中南种植结构调整提供了新的选项。经过几年试验，总结出特早一号杂交谷高产栽培技术，实现良种配良法，已在冀中南地区示范推广。2012 年 9 月 29 日，省科技厅组织专家组对特早一号进行考察，亩产高达 400 kg。

示范推广单位为河北治海农业科技有限公司，是在全国独家经营夏播张杂谷系列种子的专业公司。该公司经营范围涉及五大主要作物和张杂谷、马铃薯以及相关的技术服务等。

2. 主要技术内容

①上茬作物收获后，抢时播种，争取高产，播种时间以 7 月 15—25 日为宜。

②早间苗。谷苗长到 3～5 片叶子时，及时喷洒间苗剂间苗除草，促进杂交谷个体发育。

③早施肥。谷苗在拔节前后，早追肥，促早发。

④早收获。10 月上旬，特早一号杂交谷进入蜡熟后期，要及时收获，为下茬作物腾出时间。

⑤从整地到收获，实现全程机械化。

3. 组织实施情况与效果

该技术落实示范推广面积 2 000 亩，其中巨鹿县张王疃辛集村张培云农场 50 亩，堤村乡甜水张庄村瑞博农场 300 亩，巨鹿镇上疃村农乐乐农场 100 亩，西郭城镇柳洼村天泽农业合作社农场 200 亩，苏营乡团城村森苑牧业农场 1 150 亩，观寨乡大王庄村众垚农业农场 200 亩。核心示范区安排在西郭城镇柳洼村的天泽农业合作社农场，示范 200 亩。

示范基地安排在家庭农场，集中连片，便于指导管理，规模效益好，辐射带动力强。辐射面积 15 000 余亩，涉及巨鹿全境及周边县市。

推广五项新技术：一是晚夏播播种技术。上茬油葵、西瓜、小绿豆等作物收获后，于 7 月 15—20 日用播种机播种，亩播量 0.5 kg。二是早间苗技术。谷子长到 3～5 片叶子时，亩喷间苗剂 100 mL、氯氟吡氧乙酸 50 mL，防治杂草和自交苗。三是早施肥技术。谷子拔节期追施尿素 20 kg，促早发。四是早收获技术。谷子蜡熟后期收获，为下茬作物播种腾出时间。五是全程机械化操作技术。从整地播种，喷药到收获实现全程机械化。

专家测产，核心示范区特早一号平均亩产 360.6 kg，增产 20.2%；比当地对照品种东昌一号亩产 250.8 kg，亩增产 109.8 kg，增产 43.7%。

示范区为晚夏播品种，播种时进入雨季，雨后播种，少浇造墒播种水，亩节水 50 m³，2 000 亩示范田节水 10 万 m³。

示范区比对照亩增产 109.8 kg，每千克按 4.4 元计算，增收 483 元，少浇一水，亩节本 50 元，两项合计，亩节本增效 533 元，2 000 亩示范田总增效 106 万元，超计划 16 万元。

巨鹿县小麦收获后种植夏玉米较多，而夏玉米一般亩产 600 kg，市场价每千克 1.6 元，种植玉米亩效益 960 元。种植特早一号杂交谷比种植夏玉米亩增收 626 元。种植特早一号杂交谷比种植玉米少浇两水，节本 100 元，亩节本增效 726 元。

特早一号杂交谷生长期短，适合晚夏播。7 月中下旬播种，能取得可观产量。目前，巨鹿油葵、西瓜、小绿豆等早春播作物面积上升，全县种植 10 万多亩，早茬作物收获后种植杂交谷，变一年一种一熟为一年两种两熟，充分利用了土地资源。根据巨鹿 2005—2014 年 10 年气象资料分析，7 月中旬平均降水 38.1 mm，下旬平均降水 37.1 mm。种植特早一号杂交谷不需浇水即可播种。谷子生长期 8 月平均降水 123 mm，能满足特早一号杂交谷营养生长。特早一号杂交谷的灌浆期在 9 月，9 月平均气温 20.6℃，昼夜温差平均 10.03℃，比 8 月的 8.87℃高 1.16℃，9 月温度适宜灌浆，昼夜温差大，利于干物质积累。

2016 年，种植杂交谷效益是种植玉米的近两倍，得到农民认可。

带动周边市的发展。示范基地辐射面积 15 000 多亩，并且带动了邢台市东八县及石家庄、衡水、沧州等地杂交谷子大发展。2016 年，石家庄市政府出资，推广杂交谷 5 万亩，收到理想效果。

推动养殖业发展。谷草是优质饲草，示范田亩产谷草 300 kg，总产 60 万 kg。可养驴 400 头，推动了畜牧业发展，畜粪施在地里培肥土壤，推动了农业的良性循环。

紫花苜蓿标准化生产技术

1. 成果来源与示范推广单位概况

河北省地方标准《紫花苜蓿生产技术规程》（DB 13/T 945—2008）主要对河北省苜蓿主产区紫花苜蓿生产的栽培技术、田间管理、病虫害防治、农药的使用和收获贮藏等技术进行了规范。本技术在对河北省地方标准《紫花苜蓿生产技术规程》各项技术示范推广的基础上，针对河北省苜蓿主产区土壤盐碱程度高、面积大及农业生产机械化低等特点，进一步示范推广应用了盐碱地苜蓿沟播保墒保苗播种技术、盐碱地苜蓿根瘤接种技术、盐碱旱地苜蓿专用肥及适水追肥技术、苜蓿丰产优质低损耗适时刈割与田间捡拾打捆全程机械化等技术。

示范推广单位为河北省农林科学院农业资源环境研究所。该研究所长期从事土壤养分时空变异与高效利用、牧草生产与利用研究、高效农作制度与农业生态研究、土地资源的复垦与培肥技术、农田的保护性耕作以及土壤污染监测、土壤重金属污染的综合治理与修复技术等方面的研究。

2. 主要技术内容

（1）盐碱地苜蓿沟播保墒保苗播种技术

针对河北省苜蓿主产区土壤盐碱含量高，苜蓿播种出苗率低，严重影响苜蓿地的建植过程和紫花苜蓿产量等情况，应用已研发建立的盐碱地苜蓿沟播保墒保苗播种方法，配套沟播保墒保苗播种机械，集成建立盐碱地苜蓿沟播保墒保苗机械化播种技术规程并示范推广。

（2）盐碱地苜蓿根瘤接种技术

根据筛选的 12 株菌株的盆栽试验结果，应用菌株 S11-9 和 S2-1 开发高效根瘤菌菌剂，在黄骅南大港国家牧草产业技术体系沧州综合试验站开展田间试验并集成建立盐碱地苜蓿根瘤菌接种技术进行示范推广。

（3）盐碱旱地苜蓿专用肥及适水追肥技术

根据苜蓿主产区土壤养分化验结果，研发适宜当地土壤条件和苜蓿生长需要的苜蓿专用复合肥，改追施二铵为追施苜蓿专用肥、改撒播追肥为机械开沟条施、改返青期追肥为第一茬刈割后和冬前追肥，建立盐碱旱地苜蓿适水追肥技术并示范推广。

（4）苜蓿丰产优质低损耗适时刈割与田间捡拾打捆全程机械化技术

以苜蓿收割压扁机、苜蓿田间捡拾打捆机为机械手段，以适期刈割（见花—初花期）、合理留茬（3～5 cm，最后一茬8～10 cm）、科学打捆（早晚打捆、含水量19%～22%）等为农艺技术保障，集成示范苜蓿丰产优质低损耗适时刈割与田间捡拾打捆全程机械化技术。

3. 组织实施情况与效果

以河北省农林科学院资环所作为技术依托单位，以黄骅市茂盛园苜草种植专业合作社、伟泽苜蓿种植合作社为技术示范依托主体，以黄骅市农业局为技术示范推广辐射依托主体，在黄骅市羊二庄镇、旧城镇等地建立了紫花苜蓿标准化生产技术核心示范区11 000亩，在沧州地区推广辐射面积53 000亩。

示范及辐射区苜蓿生产成本每亩减少50元，苜蓿干草亩产增加242.6 kg，增产30%，粗蛋白含量提高1.5%，亩节本增效341元。

在紫花苜蓿标准化生产技术核心示范区与辐射区通过该项成果转化创造经济效益总计达1 807万元。

盐碱地粮食生产农业专家系统

1. 成果来源与示范推广单位概况

成果名称：农业专家系统研究及应用。

成果来源：国家"863"计划"北京地区智能化农业信息技术应用示范工程""基于网络的智能化农业信息技术服务系统应用示范""农业专家系统开发平台""智能化农业信息处理系统平台""网络化、构件化农业智能系统开发平台"等项目。

本成果是在国家"863"、科技攻关、自然科学基金和省部级科技计划支持下，由来自全国20多个省市的科技人员经过十年的团结协作、联合攻关完成的研究成果。该成果以推进我国农业信息化建设、直接服务"三农"为目标，以农业专家系统为突破口，为农业生产管理建立了统一规范的知识集成应用环境，并得到大规模应用，实现了信息技术在农业领域应用的重大突破，是我国利用信息技术改造传统农业的一项重大科技成果。

该成果满足农业各方面知识普及推广的需要，适用于种植、养殖、水产等行业，目前在黑龙江、吉林、辽宁、北京、山东、河北、天津、陕西、山西、湖南、四川、重庆、广西壮族自治区、海南、河南、新疆维吾尔自治区、宁夏回族自治区、贵州、青海等26个省（自治区、直辖市）推广应用，同时在越南、缅甸等东南亚地区推广应用，已成功地开发了200多种适用当地的农业专家系统，经济社会效益显著。

示范推广单位为中国科学院遗传与发育生物学研究所农业资源研究中心。该中心针对华北地区严重缺水、耕地质量变差等问题，系统开展了资源节约型技术研究，以农业水资源高效利用研究为主攻方向，开展了农田水分循环机理及界面调控技术研究、生物节水潜力与机制研究和节水灌溉制度和农艺节水技术等方面的研究。

2. 主要技术内容

本技术研发的盐碱地粮食生产农业专家系统将融入南皮县穆三拨万亩示范区农田信息监控与精准管理服务系统中，在系统结构上，农业专家系统承接着信息监控与精准管理服务，起到辅助决策的作用，为了实现上述目标，在技术上需要完成2项任务。

（1）知识库的整理与专家系统的开发

根据示范区农业生产情况和农民中存在的问题，开展专家系统开发需求调研，形成功能界定书，确定专家系统开发的内容，设计专家系统的模块和功能。在此基础上，选择适当的方法定义知识规则。将专业知识和生产经验与农业生产实际问题相结合，构建农业专家知识库，解决农业生产问题。将构建的农业专家知识库交给农业行业专家进行审核，保证知识规则的正确性与合理性。知识规则经过农业专家审核、修改完善后，利用专家系统开发平台将知识规则按照相应的功能模块进行开发。对开发完成的专家系统进行系统测试，包括功能测试和性能测试，保证系统能够正常运行，在功能上实现小麦、玉米生产中的生产知识、病害诊断、生产决策和农事指导4项教学和指导功能，并保留其知识扩展功能。

（2）扩展辅助决策功能，集成示范区农情监测网络

对专家系统的功能进行扩展，将示范区的农情监测网络进行集成，发挥其知识库和推理机的辅助决策功能，对示范区的农田墒情、肥力、地下水位、作物长势等监测信息进行智能分析，形成指导作物管理的决策信息，辅助农田精准管理。

软件部署架构上采用 Browser/Server（浏览器/服务器）结构模式采用 J2EE 技术、将系统架设在数据库服务器、应用服务器、浏览器多个层次上，数据服务器专门存放数据，应用服务器提供各类服务组件来访问数据服务器和响应客户端的请求，浏览器端只发出请求和显示结果。

3. 组织实施情况与效果

示范推广以穆三拨万亩示范区为核心，进行集中推广应用，同时辐射带动周围更大区域，并通过网络等其他手段在整个南皮县域内进行推广应用。

穆三拨

在核心示范区树立了展示标牌，展示示范工作成果，以促进身份推广增粮节水技术模式在更大范围的推广。

为了加快农业专家系统相关信息技术的推广，以及快速地发布基于物联网监测信息产生的农业指导信息，解决信息传播"最后一公里"的问题，在穆三拨示范区人流较为密集的民营企业工厂、村委会、商店和农资点等地建立了4个信息服务站。

该技术将"农业专家系统开发平台"进行转化，形成了包括生产知识、病虫害诊断、生产决策和农事指导 4 个专家知识库的盐碱地农业专家系统。

　　该技术建立了渤海粮仓农情监测与服务网站，在示范区成立了信息服务站，结合农民培训，进行了系统的推广应用；该技术集成示范区物联网监测系统，结合监测信息，利用无线 LED 走字屏进行农田管理信息的快速发布，指导农业生产；该技术利用多种途径在穆三拨万亩示范区进行成果的推广和应用，辐射周围 3 万亩，示范推广实施期间新增经济效益 507 万元。

土壤修复 TOR3209 生物肥料的转化与示范

1. 成果来源与示范推广单位概况

该技术源于国家"十二五"科技支撑计划"循环农业科技示范工程",课题编号 2012BAD14B07-06;以及中国加拿大联合研究项目"盐碱地微生物改良技术研究"（自选）。组织鉴定机构为河北省科技成果转化服务中心。技术核心——链霉菌 TOR3209 菌株来自于植物根际,具有极显著促进根系发育、提高植物耐生物（真菌病害、线虫、根系毒素）和非生物（盐、寒、旱）逆境的系统抗性、延缓早衰、提高产量和品质等综合功能。应用范围具广谱性,适于在粮棉、蔬菜、果树等多种植物上应用。该技术首次完成用于根际微环境调控链霉菌菌株的全基因组序列分析,明确其具有 47 种抑菌素、植物激素合成途经,29 种芳烃和蒽、醌杂环化合物降解途径。揭示了其修复土壤的微生态学、植物响应和微生物代谢机制。该技术获得了高密度原菌的固液两相发酵工艺,固体菌剂的活菌含量可达 $1×10^{10}$ cfu/ g,保存 24 个月的存活率大于 85%。开发出了不同植物专用生物肥系列产品。

示范推广单位为河北省农林科学院遗传生理研究所。该所为省属非营利性科研机构,从事养殖废弃物处理、土壤生修复研究 20 年,具备开展微生物应用和基础研究的仪器设备条件,具有微生物菌剂液体和固体发酵中试条件。是河北省有机与生物肥料产业技术创新战略联盟理事长单位。

2. 主要技术内容

（1）技术措施落实

①应用示范。主要在盐碱地低产田、中低产田的春玉米、夏玉米上进行应用示范,并在周边的玉米种植区,以及牧草、高粱等其他作物上辐射应用。每一地块设有对照组和处理组。种植之前采集土壤,检测土壤养分等基本含量。

施肥方法:采用常用的精量播种、施肥一体播种机,将生物肥（养分含量5%）与复混肥（养分含量39%）混合后一并施入,肥种相距3～5 cm。

用量:处理组采用生物肥 15 kg/亩,39%复混肥 18 kg/亩,对照使用39%复混肥 20 kg/亩。低产田、中低产田的种植信息见下表。

②试验示范。共进行种肥不同用量试验和种肥与不同量菌液拌种结合两项试验内容。在核心示范区进行春玉米试验示范,检验不同方法和用量的最终效果,确定使用规范。不同地区根据总面积设计处理面积,每个处理设 3 次重复。主要内容如下。

用作种肥。施肥方法:采用常用的精量播种、施肥一体播种机,将生物肥（养分含量5%）与复混肥料（养分含量39%）混合后一并施入,肥种相距3～5 cm。用量:采用等养分比较法,设 3 个剂量处理（kg/亩）:15、20、25,相应减施39%复混肥

2、3、4 kg/亩（养分总含量一致），对照使用 39% 复混肥 20 kg/亩。

示范区盐碱地低产田、中低产田种植情况表

土地类别	各项指标	对照	处理
低产田	玉米品种	郑单 958	
	土壤理化性质	碱解氮：58 mg/kg；P_2O_5：6 mg/kg；K_2O：243.5 mg/kg；有机质：16.5 g/kg；含盐量：0.4‰	
	施肥情况	复混肥 20 kg/亩	复混肥 18 kg/亩+生物肥 15 kg/亩
中低产田	玉米品种	郑单 958	
	土壤理化性质	碱解氮：68 mg/kg；P_2O_5：7 mg/kg；K_2O：237 mg/kg；有机质：17.5 g/kg；含盐量：0.5‰	
	施肥情况	复混肥 20 kg/亩	复混肥 18 kg/亩+生物肥 15 kg/亩

种肥与菌液拌种结合。方法：生物肥 15 kg/亩与复混肥 18 kg/亩混合后作为种肥一并施入。播种前，将不同剂量的 100 亿个/mL 菌液与玉米种子掺拌均匀。菌液用量：设 3 个不同剂量处理，每亩按播种玉米种子 2 kg 计算，每 2 kg 玉米种子使用 50 mL，100 mL，150 mL 菌液拌种。

（2）田间数据测试，确定使用技术规范

①应用示范。应用生物肥后，玉米出苗整齐，保苗率高，根系发达，茎秆粗壮，红蜘蛛、锈病等病害有所减弱，玉米产量有显著提高。收获期分别对低产田和中低产田地块进行了产量检测（下表）。从表结果可见，在低产田平均亩增产 31.3%，在中低产田亩增产 17.4%，在低产田上的增产率高于中低产田。

示范区玉米增产效果

类型	地块	组别	亩穗数（个）	穗粒数（个）	千粒重（g）	理论产量（kg/亩）	八五折后产量（kg/亩）	增产百分比（%）
低产田	1	对照	4 233.1	286.2	330.0	399.8	339.8	34.5
		处理	4 391.5	371.0	330.0	537.7	457.0	
	2	对照	4 196.7	283.4	330.0	392.5	333.6	31.1
		处理	4 299.3	362.8	330.0	514.7	437.5	
	3	对照	4 261.2	292.6	330.0	411.5	349.7	28.2
		处理	4 385.7	364.5	330.0	527.5	448.4	
	平均	对照	4 230.3	287.4	330.0	401.2	341.0	31.3
		处理	4 358.8	366.1	330.0	526.6	447.6	

（续表）

类型	地块	组别	检测结果					
			亩穗数（个）	穗粒数（个）	千粒重（g）	理论产量（kg/亩）	八五折后产量（kg/亩）	增产百分比（%）
中低产田	1	对照	4 301.2	351.2	330.0	498.5	423.7	18.3
		处理	4 438.2	402.7	330.0	589.8	501.3	
	2	对照	4 321.8	357.1	330.0	509.3	432.9	16.3
		处理	4 478.2	400.8	330.0	592.3	503.5	
	3	对照	4 298.5	354.8	330.0	503.3	427.8	17.7
		处理	4 451.8	403.2	330.0	592.3	503.5	
	平均	对照	4 307.2	354.4	330.0	503.7	428.1	17.4
		处理	4 456.1	402.2	330.0	591.5	502.8	

经测算，对照地块玉米平均产量 384.6 kg/亩，生物肥处理地块 475.2 kg/亩，平均增产 90.6 kg/亩，增产率 23.5%；平均增收 129.7 元/亩，增效率 22.3%。计算依据：2015 年玉米价格 1.7 元/kg，生物肥价格 2.1 元/kg，复混肥 3.6 元/kg。

②试验示范。观察发现，使用生物肥后玉米的耐盐、抗旱性明显提高，不仅出苗整齐，植株健壮、整齐，根系发达，幼苗死亡率大幅度减少，保苗率提高 10% 以上。分别测定了示范试验区不同使用方法玉米出苗率，植株长势和最终产量。由下表可见，两种不同的使用方式相比，种肥与菌液拌种结合比只用种肥的效果更好。单一用作种肥时，生物肥的使用量越多，增产幅度越大，综合考虑成本问题，生物肥的每亩用量建议 15～20 kg。

试验区不同使用方式增产效果表

使用方法		平均保苗率（%）	植株长势	检测产量（kg/亩）	增产百分比（%）
对照（复混肥 20）		79.2	—	352.1	—
用作种肥（kg/亩）	生物肥 15+复混肥 18	86.5	++	435.6	23.7
	生物肥 20+复混肥 17	88.9	++	455.7	29.4
	生物肥 25+复混肥 16	87.3	+++	469.2	33.3
种肥+菌液拌种（kg/亩）	生物肥 15+50 mL 菌液	90.4	+++	473.5	34.5
	生物肥 15+100 mL 菌液	91.1	+++	481.2	36.7
	生物肥 15+150 mL 菌液	91.3	+++	481.7	36.8

从不同菌液用量拌种试验结果可见，菌量不同，增产幅度差异并不显著，表明只要玉米根际土壤中有适宜浓度的菌液后，即可发挥其特定地生物调控功能。因此，如果采用种肥和菌液拌种结合这种方式，种子拌种的菌液用量 50～100 mL。

③确定了使用技术规范。

方法 1：用作种肥。施肥方法：采用常用的精量播种、施肥一体播种机，将生物肥与复混肥料混合后一并施入，肥种相距 3～5 cm。用量：生物肥 15～20 kg/亩。

方法 2：种肥与菌液拌种相结合。方法：采用常用的精量播种、施肥一体播种机，将生物肥与复混肥料混合后一并施入，肥种相距 3～5 cm。播种前，将不同剂量的 100 亿个/ mL 菌液与玉米种子掺拌均匀。用量：生物肥用量 15 kg/亩，菌液拌种用量每2 kg 玉米种子使用 100 亿个/ mL 菌液 50 mL。

④在其他作物上的应用效果。

在高粱上的应用：在海兴县东王村高粱种植区进行了应用，共 400 亩。调查表明，处理地块的高粱保苗率明显高于对照组，植株整齐，茎秆健壮，抽穗早且整齐，增产 18.6%。

在苏丹草上的应用：在海兴农场中度盐碱地高丹草上共应用 300 亩。保苗率高于对照组，中期，处理组植株长势优于对照，其茎秆粗壮，根系发达。第一茬刈割，处理组牧草生物量较对照组增加 12.8%，最终收获时，处理组生物量较对照组增加 15.1%。

3. 组织实施情况与效果

海兴国营农场、赵毛陶乡的盐碱低产田为主要示范区，面积共计 11 000 亩，其中玉米 10 300 亩，包括春玉米 6 200 亩，夏玉米 4 100 亩，牧草、高粱等其他作物 700 亩。核心示范区设在海兴国营农场、邓庄子村和刘佃村，共 1 200 亩，其中，海兴国营农场 600 亩，邓庄子村 300 亩，刘佃村 300 亩。

玉米品种为郑单 958，春玉米种植时间为 5 月 10—15 日，夏玉米种植时间为 6 月 12—24 日。

田间现场检测，与对照比较，施用生物肥的地块，玉米秸秆粗壮，叶片整齐，穗大饱满，少有缺苗断垄现象，对照平均亩产 389.9 kg/亩，处理平均亩产 481.7 kg/亩，平均亩增产 23.5%，增收 22.3%。

·节水灌溉与科学施肥·

冬小麦土下覆膜及节水灌溉技术

1. 成果来源与示范推广单位概况

本技术以中华人民共和国知识产权局授权的发明专利"一种适用于密植作物的节水灌溉方法"和"覆膜覆土一体机"成果为主要技术依托。该成果的密植作物主要指冬小麦、谷子两种作物。并规定了冬小麦播前准备、灌溉时期、灌溉量和灌溉方式。A：土地整理、施肥要全部一次性底施。B：直接播种或进行土下穴播覆膜，畦宽要求1.2～1.5 m，畦与畦之间没有灌溉垄沟。C：在冬小麦拔节—孕穗期采用隔畦限量灌溉方法，相邻两畦在不同生育期进行交换式限量插空灌溉。本发明不仅能够大幅减少灌溉用水量，同时还能够对作物起到一定的增产作用。土下覆膜采用旋耕覆膜覆土联合作业机，实现土下覆膜播种一体化，既可以增温保证安全越冬，又可改善叶片水分状况，增强抗旱性，减少灌溉次数。对水资源短缺条件下作物增产有重要作用。

示范推广单位为中国科学院遗传与发育生物学研究所农业资源研究中心。该中心针对华北地区严重缺水、耕地质量变差等问题，系统开展了资源节约型技术研究，以农业水资源高效利用研究为主攻方向，开展了农田水分循环机理及界面调控技术研究、生物节水潜力与机制研究和节水灌溉制度和农艺节水技术等方面的研究。

2. 主要技术内容

(1) 测土配方，平衡施肥

针对不同的地力条件，通过测土配方，提出施肥方案，在秸秆还田的基础上，一次性底施，不追肥，增施有机肥及土壤改良剂。旋耕后等待播种。平衡施肥即保证产量提高的同时，减少过度施肥对土壤的污染。

(2) 土下覆膜，一膜两用

利用改进后的2MXF-120型旋耕覆膜覆土联合作业机，进行土下覆膜、播种。播种量为12.5～17.5 kg/亩。播幅或畦宽1.2～1.5 m。长20～30 m。土下覆膜既可以减少颗间蒸发，保证充分利用土壤中水分，又可以防止生育后期高温导致的小麦早衰现象。同时，也可以抑制环渤海区盐碱地盐分上升现象。地膜还可以增加地温，保证苗期安全越冬，为苗全苗壮打下基础。

(3) 隔畦限量，节水灌溉

在冬小麦未覆膜田块拔节—孕穗期采用隔畦限量灌溉方法，相邻两畦分别浇灌正常水量和正常水量的1/3～2/3；所述正常水量为60 mm。在灌浆期进行交换式限量插空灌溉。不仅能够大幅减少灌溉用水量，还能够对作物起到一定的增产作用。

(4) 病虫害防治、农机农艺配套，做到节本增效

注意及时防治灌浆期病虫害；种管收全程机械化，实现节本增效。

3. 组织实施情况与效果

示范基地核心示范区在沧州市南大港一分区农科所和尚庄大队。核心示范区面积为1 000 亩。

在沧州市南大港一分区建立小麦土下覆膜示范基地 5 130 亩，在南皮县大浪淀乡、刘八里乡等示范推广隔畦限灌小麦高产节水技术 10 249 亩。共示范推广 15 379 亩。

南大港尚庄大队示范区土下覆膜小麦捷麦 19 产量平均亩产 397.86 kg/亩，对照区产量 155.65 kg/亩，增产 155.61%。在南大港农科所示范区在播期隔畦限灌补墒条件下小麦小偃 60 产量达到 305.04 kg/亩，对照区产量为 187.53 kg/亩，增产 62.66%。

与同期当地传统品种和传统种植相比，通过使用土下覆膜和隔畦限灌综合节水技术，灌溉水分利用效率提高 20%。通过使用土下覆膜和隔畦限灌综合节水技术，亩节本增效 192.02～491.30 元。

该技术示范推广的实施，增加了百姓的收入，改变了过去百姓种 25 kg 收 100 kg 的历史。增加了百姓种粮的积极性，使得县域内小麦种植面积大幅度提升。响应了国家"藏粮于技"战略方针，对我国粮食安全有重要意义。

土下覆膜技术减少了闲散裸露土壤带来的沙尘暴天气，同时，地膜覆盖后抑制蒸发，减少了春季土壤返盐的现象。改善了耕层土壤理化性质，降低了盐分含量。通过该示范推广，节约了淡水，在不灌溉条件下，就可以使小麦产量大幅度提升，对缓解地下水开采具有重要意义。

小麦、玉米微灌水肥一体化集成技术

1. 成果来源与示范推广单位概况

国家半干旱农业工程技术研究中心项目"河北省小麦、玉米微灌水肥一体化集成技术研究与示范"于 2013 年 5 月获得鉴定成果，成果水平国际先进。该成果集成了适合河北平原区的微灌工程节水技术系统，提出了田间管网优化布置模式，使微灌水肥一体化技术成功应用于小麦、玉米生产；研发出适于小麦、玉米微灌栽培模式的水溶性配方肥料，研制出适用于小麦微灌条件下等深匀播机，提出了小麦、玉米微灌条件下灌溉、施肥制度和水肥一体化技术规程；研发出微灌水肥一体化的自动化控制系列装置，实现了田间水肥定时、定量的自动化和精准化管理。该技术在河北省平原区应用，实现了小麦和玉米生产节水、节地、高产、高效的目标，创造了微喷条件下小麦亩产704.98 kg、玉米亩产 874.78 kg 的河北省高产纪录。

示范推广单位为国家半干旱农业工程技术研究中心。该中心重点面向我国北方干旱、半干旱地区农业可持续发展的技术需求，开展农业节水抗旱工程技术研究开发与推广应用。主要研究方向为：农业物联网技术、农业节水技术配套设施（设备）、农作物节水灌溉模式及水肥制度、旱作节水特色农作物、生态农业与土壤环境、农业科技发展战略研究六个方面。

2. 主要技术内容

小麦、玉米微灌水肥一体化技术，通过利用微喷系统设备按照作物不同生育时期的需水需肥要求，将水和可溶性肥同步均匀地喷施到作物根系土层中，适时适量满足作物整个生育时期的水肥需求，实现水肥同步管理和高效利用。

（1）河北平原区的微灌工程田间管网优化布置模式
开展适应不同井区、单井覆盖规模的地块的微灌工程田间管网优化布置模式示范。

（2）小麦、玉米微灌水溶性配方肥料示范与应用
开展适应小麦、玉米不同生育期的微灌水溶性配方肥料模式示范。

（3）小麦玉米微灌条件下微灌、施肥制度和水肥一体化技术
开展小麦、玉米不同生育期的灌水量、施肥量和施肥比例模式示范（下表）。

小麦不同生育期灌溉和追施肥量

项目	底肥 （复混肥）	拔节期 （Ⅰ型肥）	孕穗期 （Ⅰ型肥）	扬花期 （Ⅱ型肥）	灌浆期 （Ⅱ型肥）	合计
微喷灌溉量（m³/亩）	25	30	25	20	—	100

（续表）

项目	底肥 （复混肥）	拔节期 （Ⅰ型肥）	孕穗期 （Ⅰ型肥）	扬花期 （Ⅱ型肥）	灌浆期 （Ⅱ型肥）	合计
常规灌溉量（m³/亩）	50	50	50	50	—	185
微喷施肥量（kg/亩）	50	15	20	5	—	90
常规施肥量（kg/亩）	50	40（尿素）	—	—	—	90

注：复混肥 N、P_2O_5、K_2O 含量：17:17:6；小麦Ⅰ型肥 N、P_2O_5、K_2O 含量：33:7:10；小麦Ⅱ型肥 N、P_2O_5、K_2O 含量：30:12:10。尿素 N 含量46。

玉米微喷不同生育期灌溉和施肥量

项目	底肥 （复混肥）	苗期 （专用肥）	大喇叭口期 （专用肥）	抽雄期 （专用肥）	灌浆期 （专用肥）
（微喷）灌溉量（m³/亩）	25	25	20	20	20
（常规）灌溉量（m³/亩）	50	50	50	50	0
（微喷）施肥量（kg/亩）	0	0	18.08	0	9.04
（常规）施肥量（kg/亩）	25.2	0	0	0	0

注：施肥量为折合 N、P_2O_5、K_2O 后的总量；如遇降雨可酌情减少灌水量，以施完肥为准。

小麦各生育期水肥管理汇总表

分类	项目	底肥 （复混肥）	拔节期 （Ⅰ型肥）	孕穗期 （Ⅱ型肥）	扬花期 （Ⅱ型肥）	灌浆期 （Ⅱ型肥）	合计
微喷 灌溉	灌溉量（m³/亩）	25	25	20	20	20	110
	施肥量（kg/亩）	20	12	8	7	3	50
常规 灌溉	灌溉量（m³/亩）	50	50	50	50	—	200
	施肥量（kg/亩）	40	40（尿素）	—	—	—	80

注：复混肥 N、P_2O_5、K_2O 含量：17:17:6；小麦Ⅰ型肥 N、P_2O_5、K_2O 含量：33:7:10；小麦Ⅱ型肥 N、P_2O_5、K_2O 含量：30:12:10。

玉米各生育期水肥管理汇总表

分类	项目	底肥 （复混肥）	苗期 （Ⅰ型肥）	大喇叭口期 （Ⅰ型肥）	抽雄期 （Ⅱ型肥）	灌浆期 （Ⅱ型肥）	合计
微喷 灌溉	灌溉量（m³/亩）	0~15	12~20	12~28	12~28	12~20	48~111
	施肥量（kg/亩）	10	5	18	12	10	55
常规 灌溉	灌溉量（m³/亩）	50	50	50	50	—	200
	施肥量（kg/亩）	40	—	40（尿素）	—	—	80

注：复混肥 N、P_2O_5、K_2O 含量：26:12:12；玉米Ⅰ型肥 N、P_2O_5、K_2O 含量：33:6:11；玉米Ⅱ型肥 N、P_2O_5、K_2O 含量：27:12:14。如遇降雨可酌情减少灌水量，以施完肥为准。

3. 组织实施情况与效果

核心示范地点位于南宫市城北 2 km 北胡街道办东丁家庄村，面积 640 亩。土壤以壤土为主，其中盐碱较重地块约 100 余亩。其他示范地区分别位于东邓家庄、大关家庄、宋旺村、寺旺村、马旺村、西赵守寨等总计 1 万亩。主要示范的小麦品种为石麦 22 和石 8350，示范的玉米品种为沃玉 906。

示范推广区域开展适应不同井区、单井灌溉不同覆盖规模的地块的微灌工程田间管网优化布置模式示范。利用引黄调水工程实施渠水灌溉，首部供水流量 60 m³/h，每个首部灌溉面积 150 亩。配置离心加丝网过滤器；施肥池容积 7～8 m³。施肥泵流量小于 1 m³/h。地下水微灌工程首部供水流量≤40 m³/h，每个首部灌溉面积 60 亩左右。根据井水含杂质情况可省掉过滤装置。

示范推广区域开展适应小麦、玉米不同生育期的微灌水溶性配方肥料模式示范，开展小麦、玉米不同生育期的灌水量、施肥量和施肥比例模式示范。

示范推广技术实施组在制定小麦、玉米水肥灌溉方案时，根据南宫示范区水肥自然条件以及群众普遍耕作习惯等具体情况，制订了小麦、玉米微灌水肥管理实施方案，常规示范对照组采取防渗管道加小白龙漫灌方式实施。鉴于核心示范区小麦所施底肥和追肥数量较多，在玉米微灌水肥管理方案制订中对底肥进行了调整，取消了底肥，全部采取了追施肥。

田间测产，微喷水肥一体化集成技术示范田产量比常规灌溉增产 13.4%；夏玉米微灌水肥一体化技术示范田亩产 685.52 kg，常规灌溉田亩产 539.97 kg，微灌示范田比常规灌溉田亩增产 26.96%。

农田节水灌溉玻璃钢产品推广应用

1. 成果来源与示范推广单位概况

2010—2014 年，根据近年华北地区农田节水灌溉技术推广存在的问题，河北省水利科学研究院、华北中电（北京）电力科技有限公司等单位开展了"农田节水灌溉玻璃钢产品研发"工作。经过多年系统研发，取得玻璃钢农田管道灌溉给水栓（出水口）、推拉式玻璃钢机井房和户外式射频卡机井灌溉控制装置等多项国家实用新型专利；编制并颁发全国首个《农田低压管道输水灌溉玻璃钢给水栓》标准（DB 13/T 2017—2014），"农田低压管道玻璃钢给水栓研发与示范"成果获 2015 年度河北省科技进步三等奖。

示范推广单位为河北省水利科学研究院。该院在防汛抗旱、土地整理、农田水利、节水灌溉、设施农业、盐碱地改良、水土保持综合治理、水资源开发利用、水文水资源评价、水利工程、建筑材料等领域都有深入研究。

2. 主要技术内容

以农业综合开发高标准农田、地下水压采等项目建设为依托，以河北省渤海粮仓科技示范工程建设项目为平台，在河北省渤海粮仓所属县——馆陶县示范推广玻璃钢节水产品，主要示范内容包括玻璃钢产品的安装、使用及配套管理。

3. 组织实施情况与效果

示范区位于邯郸市馆陶县南徐村乡的西厂、东厂、营盘、马头北、马头中、马头南等村和路桥乡的刘路桥、清阳城、花园村等村，示范面积 11 300 亩，共安装玻璃钢给水栓（出水口）1 900 套，安装玻璃钢智能井房 230 座。

与土垄沟灌溉相比，采用低压管道玻璃钢给水栓节水灌溉，示范区亩均节水量 65 m³/亩，比合同技术指标 45 m³/亩，节水 44.4%。

与传统的铁质给水栓相比，玻璃钢给水栓成本节支 25%；与传统的砖砌井房相比，玻璃钢井房节支 50% 以上；合计亩均节支效益达到 68 元，比合同技术指标 50 元/亩，节支 36.0%。

与传统的铁质给水栓、砖砌井房相比，玻璃钢产品具有节地节能、安全防盗、安装便捷等特点，社会效益显著。

冬小麦用缓/控释肥料生产技术

1. 成果来源与示范推广单位概况

本技术成果来源于中国农业科学院农业资源与农业区划研究所冬小麦用缓/控释肥料生产专利，此专利适用于冬小麦的生长，对于调节作物的生长周期有重大的突破。专利具有世界领先水平，是推动冬小麦增产和农民增收的最好方法。

示范推广单位为河北善绿福肥料有限公司。该公司是一家集研发、生产、销售于一体的年产 30 万 t 新型生物肥料的大型企业，主要生产新型生物肥料和缓控释肥料。

2. 主要技术内容

缓控释肥释放原理是肥料中的养分从固态变成液态的过程中，其释放的速率与作物吸收养分的规律相吻合，这样小麦吸收养分多的时候，就释放得多，少的时候就释放得少，极大限度的提高了肥料的利用率。

缓控释肥通过高科技制成的高分子树脂包膜外壳来完成控制养分释放，它的核心是把复合肥料包上一层均匀的外壳。当肥料施入土壤后，土壤水分从膜孔进入，溶解了一部分养分，然后通过膜孔释放出来，当温度升高时，植物生长加快，养分需求量加大，肥料释放速率也随之加快；当温度降低时，植物生长缓慢或休眠，肥料释放速率也随之变慢或停止释放。另外，作物吸收养分多时，肥料颗粒膜外侧养分浓度下降，造成膜内外浓度梯度增大，肥料释放速率加快，从而使养分释放模式与作物需肥规律相一致，使肥料利用率最大化。

3. 组织实施情况与效果

示范推广区域位于邢台市巨鹿县城关镇姚家庄村和林娜家庭农场（巨鹿县张王瞳乡王六村），方灿伍家庭农场（巨鹿县张王瞳乡小留村），康壮家庭农场（巨鹿县阎瞳镇孙河镇村）。示范区小麦品种为中沃麦 2 号。除姚家庄村建成 200 亩的示范方以外，另外三个农场均建成了 600 亩的示范方，共建成了 2 000 亩的示范方。

小麦亩产量 521.8 kg，与当地同类产品应用效果相比，增产、增效分别达到 10%、20% 以上。减少一次灌溉，节水量大约 33.33%。

中量元素水溶肥料在小麦生产中的示范应用

1. 成果来源与示范推广单位概况

成果来源于河北萌邦水溶肥料有限公司。"中量元素水溶肥料"属于新型肥料领域，旨在开发一种富含钙、镁等中量营养元素的水溶肥料，通过中试试验及产业化研究，达到稳定、连续、规模化生产的目的。其主要内容包括：制备含钙、镁、氮等营养元素母液的工艺研究及相关参数的确定；根据物料性质，选择合理的蒸发器及相关流程，低能耗条件下造粒方法、造粒工艺相关参数的确定。

该水溶肥料主要技术指标：$N \geqslant 13.0\%$；$Ca + MG \geqslant 15.0\%$。

该水溶肥料特点与功能：全溶于水，钙镁同补，富含硝态氮，广泛应用于水肥一体化施肥，增产、提质效果显著；以复合助剂为载体，肥料利用率显著提高；使用安全。不含重金属元素；在施肥浓度较大的情况下也不会烧伤作物叶片。

示范推广单位为国家半干旱农业工程技术研究中心。该中心重点面向我国北方干旱、半干旱地区农业可持续发展的技术需求，开展农业节水抗旱工程技术研究开发与推广应用。主要研究方向为：农业物联网技术、农业节水技术配套设施（设备）、农作物节水灌溉模式及水肥制度、旱作节水特色农作物、生态农业与土壤环境、农业科技发展战略研究六个方面。

2. 主要技术内容

中量元素水溶肥料在南宫市小麦生产中的示范应用，主要实施内容是以渤海粮仓科技示范工程示范推广项目为依托，以中量元素水溶肥料在农业生产中的应用为核心，选用高产稳产小麦新品种，通过生产要素的优化与组合，达到增产、增效、环保的目标。

（1）农艺技术方案

玉米收获秸秆粉碎后，用一般复合肥按照常规用量的一半均匀撒于地表，利用旋耕机耕深 18 cm，进行两次旋耕，以保证秸秆均匀分布于土壤中，播种后要进行镇压，以保证种子与土壤的紧密接触，提高出苗率。选择适合示范区种植的抗倒、抗逆、高产的小麦品种石麦 22、石 8350；种植方式，15 cm 等行距；播种量 15～20 kg/亩。采用播种铺带一体机进行同步播种与铺带。及时防治中后期蚜虫及小麦吸浆虫、叶锈病等病虫害。6 月上、中旬蜡熟期后机械收获。

（2）管道布置方案

主管道采用 PVC 管，管道直径 110 mm；支管道采用薄壁软管，管道直径采用 90 mm 规格。微喷带，型号 N65-40，斜五孔，工作压力 0.05～0.1 MPa。田间布局，带间距 1.5～1.8 m，微喷带铺设长度 50 m。手动工作方，每小区计划控制面积 1.5～2.5 亩。支管及微喷带在播种小麦时，采用播种铺带一体机一次性完成。

（3）施肥管理方案

通过小麦微灌水肥一体化技术，利用微喷系统设备并按照作物需水需肥要求将肥料和水同步均匀地喷施到作物根系土层中（下表）。

小麦不同生育期灌溉和追施肥量

项目	底肥	拔节期	孕穗期	扬花期
（微灌示范）灌溉量（m³/亩）	15	30	25	20
（微灌示范）施肥量（kg/亩）	20（复混肥）	15（水溶专用肥）	8（水溶专用肥）	7（水溶专用肥）
灌溉量（m³/亩）	60	75	0	60
（示范）施肥量（kg/亩）	20（水溶专用肥）	30（水溶专用肥）	0	0
（常规）施肥量（kg/亩）	40（复混肥）	40（尿素）	0	0

说明：复混肥 N：P：K 为 26：12：12；水溶专用肥 N：P：K：Ca+MG 为 30：10：10：4。

3. 组织实施情况与效果

核心示范地点位于河北省南宫市城北 2 km 北胡街道办东丁家庄村"国家半干旱农业工程技术研究中心试验示范基地"，南邻引黄灌渠和 308 国道，面积 640 亩。示范区为南宫市东邓家庄、东孟家庄、北胡家庄、大关家庄、东演庄、西演庄、井家庄、堤口王家庄、五里铺村和卢家庄，总示范面积 1 万余亩。

针对南宫市北胡街道办东丁家庄村核心示范点地下水量不足的情况，充分利用核心示范区近邻引黄灌渠、取水方便的地理优势，2017 年 3 月建设完成了 4 个渠水扬水站，总流量 240 m³/h，总装机容量 52 kW，每个扬水站可灌溉 150 余亩，为"中量元素水溶肥在小麦生产中的示范应用"示范推广的实施提供了基础保障。

经调查"国家半干旱农业工程技术研究中心试验示范基地"土壤以壤土为主，土壤退化严重，其中 150 余亩有机质含量小于 10 g/kg 且盐碱较重，于 2016 年 10 月在玉米秸秆还田的基础上，每亩施有机肥（腐熟牛羊粪）2 m³，以改善土壤生产条件。

2017 年 2—3 月按照新建设的扬水站技术标准重新调整了田间灌溉管网，更新安装了过滤装置，升级改造了施肥系统。

田间测产，中量元素水溶肥料示范田产量比常规灌溉区相比：核心区增产 15.7%，节水 50%；示范区增产 12%，节水 44.4%，增效 22%。

缓控套餐施肥技术在小麦种植中的应用

1. 成果来源与示范推广单位概况

共转化成果 2 项，包括缓控释肥料、"富思德"荧光假单胞菌剂。"富思德"荧光假单胞菌剂用于小麦拌种，用量为 150 mL/亩；缓控释肥料作为底肥一次施用，免追返青肥。根据冬小麦需肥规律，缓释肥配方：26-12-8，用量为 50 kg/亩。

（1）缓控释肥料

本技术采用的缓控释肥料为领先生物农业股份有限公司自主研发，选用生物可降解聚氨酯包膜材料与大颗粒尿素结合，使尿素释放与作物需肥规律协调一致，肥效持久，生态环保（技术指标：24 h 氮素释放率 N≤10%，28 d 氮素释放率 N≤50%，缓释 N 含量≥44%）。与磷钾肥料配制成缓控释 BB 肥料，可在小麦上应用实现一次基施肥，免追肥，省工省肥，增产增效，累计示范推广面积超过 10 万亩。可减少 10%～20%尿素用量、不追肥，作物仍然不脱肥、高产、稳产。该产品已获得农业部登记，登记证号：农肥（2016）准字 5689 号。

（2）"富思德"荧光假单胞菌剂

示范推广涉及的荧光假单胞菌是企业具有自主知识产权的一株新型 P 克 PR 微生物，具有促进作物生长和诱导植物产生抗性的功效；通过发酵工艺的不断优化及采用聚合物膜包装透气技术，使得有效活菌数可达 80 亿～100 亿/ mL，最高可达 150 亿/ mL，远超出国家标准，产品已获得农业部微生物肥料正式登记，登记证号：微生物肥（2013）准字（0992）号。该产品已开展了在小麦上的推广和应用，累计应用面积已超过 10 万亩，应用效果显著，在河南周口、商丘、信阳，河北唐山、秦皇岛、邯郸等地开展的冬小麦示范应用表明该产品可有效地预防小麦全蚀病，防治率可达到 98%以上，荧光假单胞菌还可防治多种土传病害、促进小麦生长，提高抗逆性，小麦增产可达 6.7%～10.7%。

（3）缓控套餐施肥技术

小麦缓控套餐施肥技术采用微生物菌剂与缓控释肥相结合，微生物菌剂拌种，补充有益菌群，防治土传病害，刺激根系发育，促进生长。底施缓控释肥，速效氮与缓效氮结合，为小麦全生育期提供营养供应。播种前一天用微生物菌剂（荧光假单胞菌剂）拌种，亩用量 150 mL，阴干后即可播种。缓控释肥一次性底施，免追返青肥。小麦缓控释肥（亩用量 50 kg）一次性随机械播种施入土壤，免追返青肥。

示范推广单位为领先生物农业股份有限公司（原秦皇岛领先科技发展有限公司），是一家主要从事农业领域节能环保型生物制品研发、生产和经营的高新技术企业。

2. 主要技术内容

在沧州市所辖南皮县鲍官屯镇董丁庄村、大迟庄村，东光县于桥乡吴定杆村等地集中建立试验示范基地 2～3 个，开展荧光假单胞菌剂、缓控释肥在小麦上的试验示范。对照区域施肥技术模式为当地常规施肥。示范区域在减少化学肥料投入的前提下，促使小麦增产 10% 以上，增效 20% 以上，并建立适于渤海粮仓示范推广区域小麦缓控套餐施肥技术 1 项。

3. 组织实施情况与效果

示范基地总面积达 10 500 亩（试验示范区 6 500 亩，对照区 4 000 亩），其中南皮县鲍官屯镇大迟庄、董丁庄村 6 000 亩，泊东光县于桥乡吴定杆村 4 500 亩。

南皮县鲍官屯镇大迟庄、董丁庄村核心示范区示范面积 6 000 亩，小麦品种为科农 2009。荧光假单胞菌剂拌种，150 mL/亩；小麦缓释肥（26-12-8）底肥一次施用 50 kg/亩，免追返青肥。对照区施肥：底肥施用复合肥（18-18-18）50 kg/亩，返青追尿素 20 kg/亩。

东光县吴定杆村核心示范区面积 4 500 亩，小麦品种为衡 S029。荧光假单胞菌剂拌种，150 mL/亩；小麦缓释肥（26-12-8）底肥一次施用 50 kg/亩，免追返青肥。对照区施肥：底肥施用复合肥（15-15-15）50 kg/亩，返青追尿素 20 kg/亩。

南皮县示范区平均亩穗数 52.16 万穗，穗粒数 33.97 粒，千粒重 35.19 g，平均亩产（理论产量 85%）528.34 kg。对照区平均亩穗数 46.73 万穗，穗粒数 33.64 粒，千粒重 35.19 g，平均亩产（理论产量 85%）469.55 kg。示范区比对照区亩增产 12.52%。

东光县示范区平均亩穗数 47.31 万穗，穗粒数 34.25 粒，千粒重 38.29 g，平均亩产（理论产量 85%）525.98 kg。对照区平均亩穗数 44.91 万穗，穗粒数 30.98 粒，千粒重 38.29 g，平均亩产（理论产量 85%）452.40 kg。示范区比对照区亩增产 16.15%。

小麦—玉米养分资源综合技术及其平衡肥

1. 成果来源与示范推广单位概况

"小麦—玉米养分资源综合技术及其平衡肥研发"来源于河南省农业科学院植物营养与资源环境研究所的成果。该成果研制专门的小麦配方肥（氮磷钾含量分别是 $N+P_2O_5+K_2O=28-15-5$ 和 $N+P_2O_5+K_2O=25-15-8$）和玉米配方肥（氮磷钾含量分量是 $N+P_2O_5+K_2O=34-6-8$ 的配方肥），结合小麦玉米品种布局和需肥规律，经过大量土地监测和肥料配比试验，摸清了土壤养分资源含量水平，建立了潮土区和砂姜黑土区养分资源管理技术，与传统施肥方法相比，其肥料用量减少36%，氮肥利用率提高6.8个百分点；将小麦玉米秸秆粉碎还田，并结合肥料，达到在减少农业资源投入的情况下，获得小麦、玉米的优质高产。

示范推广单位为河北桑梓农业科技有限公司，该公司经营范围包括农作物、瓜果蔬菜、花卉种植销售，初级食用农产品，农用机械设备、农具、化肥销售，农业技术开发及技术咨询服务，土地整理服务，园林技术服务，农业信息咨询服务。

2. 主要技术内容

(1) 玉米部分

以玉米平衡肥（氮磷钾含量分量是 $N+P_2O_5+K_2O=34-6-8$ 的配方肥）作为基肥，其特点是高氮、低磷、中钾，大中小颗粒混合，控制释放，且与玉米生长同步，减少肥料浪费。种肥同播，玉米采用专用条带破碎玉米免耕精细播种方式进行播种，播种方式为标准作业幅度内 60 cm 等行距种植，密度保证在 4 500 株/亩。机械化管理，播种后采用小定额方式及时灌溉；中耕追肥采用高地隙自走式动力平台悬挂玉米追肥机械进行作业，一次完成开沟、施肥、覆土、镇压等程序；采用作业幅宽 20 m 的高地隙自走式植保机械进行病虫草害防治；移动式、行走式喷灌技术。机械化收获，选用与玉米播种机相匹配的联合收获机进行收获，一次作业实现收获、剥皮、秸秆粉碎抛撒。

(2) 小麦部分

使用良肥即小麦平衡肥（氮磷钾含量分别是 $N+P_2O_5+K_2O=28-15-5$ 和 $N+P_2O_5+K_2O=25-15-8$ 的配方肥）。小麦播种前采用深翻作业或附带深松功能的旋耕机整地 2 遍；种植方式采用等行距播种，行距 15 cm，播深 3～5 cm，播后镇压；针对示范推广区域系潮土区土壤钾含量丰富，玉米秸秆还田等特点，底肥宜施专用缓释肥、冬灌后冰上撒施每亩 8 kg 缓释专用肥，返青水时追撒每亩 10 kg 尿素，浇扬花水时水冲每亩 10 kg 尿素。机械化管理，灌溉小麦时采用移动式、行走式喷灌技术和微喷喷灌技术，5 眼 10 套喷灌设备交替使用灌溉 1 次，每井出水 30 m³/h，每 4 亩喷淋 3.5 h 每亩用水 26 m³；使用机械化喷药进行病虫草害防治。移动式、行走式喷灌技术。机械化收获，全部使用大型小麦收割进行机械收获。

3. 组织实施情况与效果

示范推广地点位于清河县坝营镇洪河村、董庄村，建立千亩示范方 3 000 亩，辐射推广达到 50 440 亩。

千亩示范方玉米亩增产 83.6 kg，减少肥料投入 40 元/亩，节支增收 110 元/亩；小麦亩增产 31.8 kg，减少肥料投入 105 元/亩，节支增收 186 元/亩；合计亩增产粮食 115.4 kg，共计增收 34.62 万 kg。

辐射区玉米亩增产 65.3 kg，减少肥料投入 40 元/亩，节支增收 95 元/亩；小麦亩增产 31.8 kg，减少肥料投入 105 元/亩，节支增收 186 元/亩；合计亩增产粮食97.1 kg，共计增收粮食 489.77 万 kg。

节本增效综合技术

1. 成果来源与示范推广单位概况

共转化成果 3 项，包括缓控释肥料、"富思德"荧光假单胞菌剂、复合微量元素肥。"富思德"荧光假单胞菌剂用于玉米拌种，用量为 150 mL/亩；缓控释肥料和复合微量元素肥作为底肥一次施用，缓控释肥根据春玉米和夏玉米不同的需肥规律，制定不同配方，春玉米配方：26-12-8，夏玉米配方：22-6-12，缓控释肥用量为 40 kg/亩，复合微量元素肥用量为 1 kg/亩。

缓控释肥料：为领先生物农业股份有限公司自主研发，选用可降解聚氨酯包膜材料与大颗粒尿素结合，使尿素释放与作物需肥规律协调一致，肥效持久，生态环保（技术指标：24 h 氮素释放率 N≤10%，28 d 氮素释放率 N≤50%，缓释 N 含量≥44%）。与磷钾肥料配制成控释 BB 肥料，可在玉米、小麦、棉花、水稻、马铃薯等大田作物上应用实现一次基施肥，免追肥，省工省肥，增产增效；累计应用面积超过 10 万亩，可减少 20%尿素用量、不追肥，作物仍然不脱肥、高产、稳产。该产品已获得农业部登记，登记证号：农肥（2013）临字（7419）号。

"富思德"荧光假单胞菌剂，为领先生物农业股份有限公司具有自主知识产权的一株新型 P 克 PR 微生物，具有促进作物生长和诱导植物产生抗性的功效；通过发酵工艺的不断优化及采用聚合物膜包装透气技术，使得有效活菌数可达 80 亿～100亿/mL，最高可达 150 亿/ mL，远超出国家标准。产品已获得农业部微生物肥料正式登记，登记证号：微生物肥（2013）准字（0992）号。该产品已开展了在玉米、水稻、小麦、棉花、花生、番茄、马铃薯等作物上的推广和应用，累计应用面积已超过 500 万亩。其中配合控释肥料在玉米上的应用效果尤为显著，在黑龙江、吉林、内蒙古自治区和河北省开展的玉米示范应用表明该产品可显著增加玉米气生根数量，使玉米增产大于 10%。

复合微量元素肥，为领先生物农业股份有限公司自主研发，是由微量元素组成的混合物，采用 γ-聚谷氨酸螯合微量元素生物发酵工艺生产。主要包括铁、锰、锌、硼，$Fe+Mn+Zn+B≥11\%$。能够为作物提供丰富的微量元素，肥效稳定持久，不易为雨水冲刷而流失。该产品已获得农业部登记，产品登记证：农肥（2013）临字（7575）号。该产品开展了在玉米、水稻、小麦、花生、黄瓜等作物上的推广和应用，累计应用面积已超过 100 万亩。其中配合控释肥料在玉米上的应用效果尤为显著，在黑龙江、吉林和河北开展的玉米示范应用中表明能明显促进植株的生长发育，增加籽实产量；提高总淀粉和可溶性糖含量。

示范推广单位为领先生物农业股份有限公司（原秦皇岛领先科技发展有限公司），是一家主要从事农业领域节能环保型生物制品研发、生产和经营的高新技术企业。

2. 主要技术内容

在沧州市所辖黄骅市、沧县、泊头市、东光县建立试验示范基地 4 个，开展荧光假单胞菌剂、缓控释肥和复合微量元素肥在玉米上的试验示范；累计面积 1 万亩，其中示范区域面积 7 000 亩，对照区域面积 3 000 亩，对照区域施肥技术模式为当地常规施肥。示范区域在减少化学肥料投入的前提下，促使玉米增产 10% 以上，增效 20% 以上，并建立适于渤海粮仓示范推广区域玉米增产综合施肥技术 1 项。

3. 组织实施情况与效果

示范基地总面积达 11 200 亩（试验示范区 1 万亩，对照区 1 200 亩），其中黄骅市二科牛村 6 200 亩，沧县北阁村 2 000 亩，泊头市大卢屯村 1 500 亩，东光县吴定杆村 1 500 亩。

黄骅市齐家务乡二科牛村、沧县李天木乡北阁村、泊头市四营乡大卢屯村示范基地种植品种为郑单 958，荧光假单胞菌剂拌种，玉米缓控释肥和复合微量元素底肥一次施用，春玉米起垄覆膜侧播种植模式。对照田常规施肥方式，春玉米起垄覆膜侧播种植模式。

东光县吴定杆村核心示范区种植品种为郑单 958，荧光假单胞菌剂拌种，玉米缓控释肥和复合微量元素底肥一次施用，夏玉米宽窄行一穴双株种植模式。对照田常规施肥方式，夏玉米宽窄行一穴双株种植模式。

黄骅市齐家务乡二科牛村示范区春玉米平均亩产量为 509.1 kg，对照区春玉米平均亩产量为 432.7 kg，增产率为 17.7%。

沧县李天木乡北阁村示范区春玉米平均亩产量为 458.2 kg，对照区春玉米平均亩产量为 398.6 kg，增产率为 14.9%。

泊头市四营乡大卢屯村示范区春玉米平均亩产量为 631.4 kg，对照区春玉米平均亩产量为 563.1 kg，增产率为 12.1%。

东光县于桥乡吴定杆村示范区夏玉米平均亩产量为 717.6 kg，对照区夏玉米平均亩产量为 632.1 kg，增产率为 13.5%。

改进型包被缓释复合肥应用与推广

1. 成果来源与示范推广单位概况

成果来源于河北肥尔得肥料科技开发有限公司和河北省农林科学院农业资源环境研究所研发的"一种改进型包被缓释复混肥"。一种改进型包被缓释复混肥产品采用的结构包括粒径为 1～3 mm 的尿素核以及直接包覆在尿素核上的 1.5 mm 氮磷钾复混可溶层和包覆在可溶层外侧的 0.2 mm 大分子胺树脂层疏水层，提供了一种改进型包被缓释复混肥，具有成本低，水溶性好，缓释作用持久，能均衡作物全生育期养分供应，而且降解周期短，是一种氮磷钾全营养型缓释产品。有效解决了目前缓释肥料水溶性差、前期养分释放少、后期易早衰、树脂膜自然降解周期长污染土壤环境以及缓释营养以氮素为主，营养成分单一且价格偏高等瓶颈问题，目前已经在河北省中南部主要作物小麦、玉米、棉花等作物上规模推广，应用前景广阔。

试验示范表明，河北省农林科学院资环所控股的肥尔得肥料公司生产的改进型包被缓释复混肥与同类产品相比小麦增产 5%～8%，玉米增产 10%～15%，棉花增产 5%～10%，在河北省中南部推广面积已达 20 万亩。

示范推广单位为清河县平宁农场，该农场现已流转土地 2 315.3 亩，适合农作物大面积规模种植，现全部种植农作物小麦和玉米。

2. 主要技术内容

（1）播种
使用专用条带破碎玉米免耕精细播种机播种。

（2）良肥
以改进型包被缓释复混肥为基肥，根据分析测试肥力状况百亩方和千亩方平均亩施底肥 30 kg，万亩方平均亩施底肥 32 kg。

（3）良法
根据玉米生育期短的特点，采用种肥同播方法，一是吸收前茬小麦磷肥残效；二是充分利用氮肥速效型；三是用专用配方肥作为基肥，其特点是高氮、低磷、中钾、缓释作用持久、水溶性强；四是大中小颗粒混合、包被降解周期短、控制释放，且与玉米生长同步，减少肥料浪费。

3. 组织实施情况与效果

2016 年 1 月确定示范区地点为清河县平宁农场、清河县坝营镇前敖村、东洪河、西洪河、董庄，以清河县平宁农场 1 000 亩为核心区，整体示范面积包括清河县平宁农场、清河县坝营镇前敖村、东洪河、西洪河、董庄，建立集中连片示范区 10 003 亩，辐射周边 101 558 亩。

2016 年 2—4 月省农林科学院资环所、县农业局两次对示范区进行了土壤取样调查，分析测试示范区土壤肥力状况，分析示范区内土壤限制因子及供肥特征。经百亩方采集土壤样品 5 个测试平均值：pH 值 7.9，有机质含量为 14.3%，碱解氮 133.7 mg/kg，有效磷 63.8 mg/kg，速效钾 158 mg/kg。千亩方采集土壤样品 10 个测试平均值：pH 值 8.0，有机质含量为 11.2%，碱解氮 99.8 mg/kg，有效磷 22.9 mg/kg，速效钾 120 mg/kg。万亩方采集土壤样品 25 个测试平均值：pH 值 7.5，有机质含量为 12.11%，碱解氮 93.5 mg/kg，有效磷 46.4 mg/kg，速效钾 136.2 mg/kg。根据夏玉米对氮磷钾养分吸收分配规律，结合高产玉米种植技术及机械化作业水平，确定了配方、施肥用量、施肥时期及施用方法等施用技术。

2016 年 7 月指导农民针对玉米田间管理，包括施肥、追肥、防止杂草和病虫害防治。

根据省市专家测产，核心示范区玉米平均亩产 639.3 kg，对照亩产 575.6 kg，亩增产 63.7 kg，亩增产 11.1%，亩增收 95.5 元/亩。核心示范区亩底施改进型包被缓释肥 30 kg，生育期间不追肥，对照区为常规施肥，亩底施沃夫特专用肥 40 kg，节肥 10 kg，节本 24 元/亩。（改进型包被缓释肥 2 000 元/t，沃夫特专用肥 2 100 元/t），共计节本增效 119.5 元/亩（24 元+95.5 元）。

辐射区玉米平均亩产 614.8 kg，对照区亩产 556.5 kg，亩增产 58.3 kg，亩增收 87.4 元/亩。辐射区亩底施改进型包被缓释肥 32 kg，生育期间不追肥，对照区为常规施肥，亩底施沃夫特专用肥 40 kg，节肥 8 kg，节本 20 元/亩。（改进型包被缓释肥 2 000 元/t，沃夫特专用肥 2 100 元/t），共计节本增效 107 元/亩（20 元+87.4 元）。

高效环保功能型有机肥产业化与示范

1. 成果来源与示范推广单位概况

该复合肥来源于国家支撑计划"规模化养殖基地废弃物循环利用标准化技术集成与示范",项目编号为2012BAD14B07-6,鉴定机构为河北省科技成果转化服务中心。腐熟菌剂是有机肥生产实现产业化和标准化的核心,针对同类产品菌种组成与功能单一,应用范围窄,发酵效率低等弊端,发明了"功能互补,互利共生"复合高效发酵菌系逐级筛选方法。创新性在于:一是研制出了低温启动型有机物料复合高效腐熟菌剂。菌系由解淀粉芽孢杆菌、绿色木霉、米曲霉和酿酒酵母组成。可产生纤维素、木质素、蛋白质等高活力降解酶,适于粪便、秸秆等多种物料的快速腐熟,其中木霉和芽孢杆菌菌株具防病和促生长功能。二是研制出无污染、低成本、高密度原菌固体发酵工艺,优化确定了最佳发酵工艺参数。芽孢杆菌固体原菌的活菌含量大于$3×10^{10}$cfu/ g,真菌固体原菌密度超过$2×10^8$cfu/ g,较传统工艺降低成本30%以上。三是优化确定了菌剂发酵转化不同有机废弃物的物料配比、发酵管理等工艺技术参数,制定了操作技术规范,实现了规范化生产。以腐熟菌剂为核心产业化生产出高效环保功能型有机肥。

实施效果:菌剂在15℃可正常发酵,比同类产品低5℃以上,堆肥发酵缩短发酵周期2~3 d,采用罐式发酵反应器发酵时间不超过10 h。

示范推广单位为河北九知农业工程有限公司。该公司业务范围包括有机肥技术、有机农业技术的研发、咨询、推广;有机肥料及微生物肥料、复混肥料、有机肥设备生产、销售;生态农业、观光农业的规划与开发经营;农林作物种植等。该公司是威县县政府优先引进的现代农业重点企业。

2. 主要技术内容

对照组、试验组作物使用相同的种子、播种方式方法。对照组使用种肥45%的复混肥40 kg/亩,追肥尿素(46.4%)12.5 kg/亩,试验组使用高效环保功能型有机肥(5%)380 kg/亩;对照组平均灌溉水250 m³/亩,试验组平均灌溉水220 m³/亩。

3. 组织实施情况与效果

谷子千亩示范区为方家营镇孙家陵村,面积1 000亩,万亩示范区为北方家营村、王家陵村等,辐射面积12 000亩。

检测结果表明:检测示范区种植的品种为河南豫谷18。应用高效环保功能型有机肥后,谷子出苗整齐,保苗率高,根系发达,谷子产量有显著提高。对照组平均亩产为287.27 kg;试验组平均亩产为324.71 kg,较对照组增产13.03%。

·植物保护·

赤眼蜂防治夏玉米螟技术

1. 成果来源与示范推广单位概况

"恒温诱导玉米螟赤眼蜂滞育储存方法"，是河北省农林科学院旱作农业研究所于2011年获得专利授权，专利号ZL200810055331.X.。

该成果针对常规繁殖的赤眼蜂耐储存性差，利用赤眼蜂滞育后耐储存的特性，形成了一套能够与麦蛾卵繁蜂紧密结合的恒温诱导玉米螟赤眼蜂滞育储存技术，应用该技术赤眼蜂生产可提前6个月以上，储存后的赤眼蜂羽化率仍高达90%以上。该技术的采用极大的延长了赤眼蜂有效生产时间，并降低了麦蛾卵繁殖赤眼蜂的生产成本。包括玉米螟赤眼蜂滞育储存技术在内的用麦蛾卵工厂化繁殖玉米螟赤眼蜂技术通过欧盟援助项目资助，先后在朝鲜、老挝、缅甸等国家和地区建立赤眼蜂工厂40余个，每年推广应用赤眼蜂防治玉米螟技术50余万亩。

示范推广单位为河北省农科院旱作农业研究所。该所自1998年开始从事赤眼蜂应用技术研究和生物学研究，2000年开始从事麦蛾卵繁殖赤眼蜂生产与应用研究，对用麦蛾卵繁殖赤眼蜂的生产与质量控制有深入研究，建立了以麦蛾卵为寄主的系列小粒卵赤眼蜂工厂化生产线。

2. 主要技术内容

（1）赤眼蜂防治夏玉米螟技术示范

依据往年气候及赤眼蜂发生情况，生产示范推广所需数量的赤眼蜂；在第三、四代玉米螟始见卵期开始，在田间各释放赤眼蜂1.5万头/亩。

（2）抗逆高产玉米品种引进与示范

引进抗逆高产玉米品种衡6272、郑单958、先玉335等品种，确定主推品种，并与赤眼蜂防治夏玉米螟技术结合，进行示范。

（3）配套栽培技术示范

种子包衣技术、玉米化控防倒技术、配方施肥技术、适时晚收技术、一水两用技术等。

（4）技术培训和指导

开展技术培训与技术指导。

3. 组织实施情况与效果

依托河北省农林科学院旱作农业研究所赤眼蜂防治玉米螟技术，建立赤眼蜂防治玉米螟技术综合示范基地，通过培训农民选择抗病虫品种、适期栽培、优化病虫害防治措施、释放赤眼蜂防治玉米螟等综合技术手段，提高示范区玉米生产与病虫害防治技术水平，减少农药用量并提升玉米产量。通过核心基地建设，带动周边地区辐射示范赤眼蜂防治玉米螟等关键技术。

示范区减少了农药的使用量，较对照田亩增产 43.8 kg，增产幅度 7.6%，亩节本30 元以上，同时辐射面积 30 000 亩以上。

2017 年河北省农林科学院旱作农业研究所组织实施情况见下表。

2017 年河北省农林科学院旱作农业研究所组织实施情况

示范推广区域地点	示范规模（亩）	培训次数（次）	培训时间	培训人数（人）	放蜂时间	田间检测（次）	观摩会
故城县坊庄乡堤口村	1 000		7 月 26 日	60	8 月 15 日	1	1
					8 月 22 日		
故城县坊庄乡小庙村	475	3	8 月 15 日	80	8 月 15 日		
					8 月 22 日		
故城县堤口养殖湖专业合作社	86		9 月 12 日	50	8 月 15 日		
					8 月 22 日		
景县志清种植农民专业合作社	315	2	7 月 28 日（上午）	30	8 月 15 日		
			9 月 16 日（上午）	40	8 月 22 日		
津龙现代农业科技有限公司	439	2	7 月 28 日（下午）	40	8 月 15 日		
			9 月 16 日（下午）	20	8 月 22 日		
总计	2 315	7		320		1	

纳米膜与活性物对棉花黄萎病的全程高效控制技术

1. 成果来源与示范推广单位概况

河北工程大学完成的省科技支撑计划"纳米膜与活性物对棉花黄、枯萎病的调控作用机理及应用研究"课题，形成了新技术和专利产品纳米乳制剂，将其强渗透、缓释、控释等技术应用于防治棉花黄萎病。

示范推广单位为河北工程大学，是河北省重点骨干大学，河北省人民政府、水利部共同建设高校。

2. 主要技术内容

依据棉花黄萎病发生的消长规律，采用合理的施药时间、方式及部位，应用专利产品纳米乳制剂，从种子处理作为主动防治到棉花现蕾前后灌根作为被动防治，再到初花期和盛花期前后的叶面喷施作为补救防治，应用纳米乳制剂通过调控棉株大根围土壤微生物区系，增加有益微生物数量，打破棉株和黄萎病之间原平衡关系的作用机理，从而高效防治棉花黄萎病。经纳米乳制剂的活性物高渗吸传导到棉株维管束部位与黄萎病菌发生作用，高效、长效乃至全程控制棉花黄萎病危害。

3. 组织实施情况与效果

示范推广地位于邱县新马头镇李二庄和古城营乡东省庄，在邱县新马头镇李二庄建设 621 亩示范田，古城营乡东省庄建设 556 亩示范田，实际共建立 1 177 亩示范田，技术辐射新马头镇和古城营乡两个乡镇，面积达万亩。

示范区测产，皮棉亩产 132 kg，对照田皮棉亩产 107 kg，增产总量达 25 000 kg 以上；辐射区皮棉亩产 120 kg；对照田皮棉亩产 107 kg，增产总量达 130 000 kg 以上。

吡虫啉拌种全生育期防控麦蚜及兼治
其他害虫技术

1. 成果来源与示范推广单位概况

"吡虫啉拌种防控全生育期麦蚜及兼治其他害虫技术"是河北省农林科学院植物保护研究所的自研成果，成果的创新点是通过一次种子药剂包衣防治整个生育期的麦蚜，整个生育期无须打药，能够减少生长期打药的劳动力用工，降低喷雾对环境的影响。该成果于2012年被省科技厅组织的专家鉴定组评为国际先进水平，2013年获得河北省省农科院科技成果二等奖，2015年获得河北省科技进步三等奖。

示范推广单位为河北省农林科学院植物保护研究所。该研究所主要任务是根据河北省农业生产需要，从事农作物有害生物发生、流行规律及综合防治技术研究。

2. 主要技术内容

通过在小麦播种前采用70%吡虫啉种衣剂进行种子包衣，可以一次性解决小麦整个生育期的蚜虫为害，同时还能兼治小麦苗期的蛴螬，金针虫等地下害虫。这种方法不仅大大简化麦蚜的防治方法，为农户节省了大量喷药用工，还把传统的地上喷药改为地下施药，减少了施药人员的中毒风险，同时也降低了对天敌昆虫的影响。

3. 组织实施情况与效果

(1) 实施情况

2015年是示范推广实施的第一年，选择景县志清农民合作社作为示范基地，依托基地农场建立百亩核心示范区，千亩示范方，全年完成示范面积20 000亩。

2016年在上年度工作的基础上，又增加了沧县鑫翰合作社、泊头亿宝家庭农场、馆陶祥平家庭农场、曲周银絮粮棉合作社作为示范基地。示范仍然采用建立"百、千、万"示范区的方式。其中景县志清合作社和沧县鑫翰合作社建立了千亩示范方和万亩示范区，其他3个示范基地只建立百亩核心示范区。2016年共完成示范面积为3.47万亩，辐射示范面积25.97万亩。

2017年示范推广内容改为小麦玉米植保体系示范与推广，示范地点为景县志清合作社与沧县鑫翰合作社。示范推广内容包括利用现有成熟技术，组装配套优化集成一套适合当地的病虫综合管理方案，并在示范推广区域进行大面积示范。2017年两个示范点完成小麦、玉米植保体系技术方案示范2.3万亩，辐射带动示范面积超过10万亩。

（2）实施效果

① 2015 年实施效果。

根据 2015 年春季返青后以及秋季出苗后的调查情况，各示范点地下害虫为害率均低于 0.5%，无明显为害症状。

2015 年蚜虫为中等偏轻发生年份，各示范点平均防治蚜虫喷药次数 1.5 次。平均亩节省喷药用工 7.5 元。

经过河北省农林科学院理化所的检测，送检的小麦籽粒样品吡虫啉含量都大大低于国家标准。

2015 年田间检测。检测结果显示，示范区比常规对照区平均增产 11.9%，在全生育期不喷施杀虫剂的情况下，蚜虫防治效果 99.6%（下表）。

2015 年示范区产量调查

项目	亩穗数	穗粒数	产量（kg）	增产
示范区	50.4	32.8	581.3	11.9%
对照区	49.6	29.3	519.5	——

2015 年示范区蚜虫防治效果调查

项目	蚜株率（%）	百株蚜虫数	防效（%）
示范区	1	1	99.6
常规对照	100	822	69.4
空白对照	100	2 686	——

② 2016 年实施效果。2016 年 5 个示范区整个生育期内没有喷药防治麦蚜，百株蚜虫数都在 1 头以下，几乎找不到蚜虫，防治效果达到 99%。

通过专家现场检测，示范区平均亩产量达到 558.8 kg，对照区 495.5 kg，平均增产 12.6%。示范推广区域的 5 个示范点平均增产达到 10.83%。

实施效果详见下表。

2016 年示范区蚜虫防治效果

调查地块	示范区		对照区		防治效果（%）
	5 点平均百株蚜量（头）	蚜株率（%）	5 点平均百株蚜量（头）	蚜株率（%）	
地块 1	1	0.60	866.2	95.6	99.88
地块 2	1	0.40	1 951.8	93.2	99.95
地块 3	1	0.40	1 867.8	89.6	99.95
平均	1	0.47	1 562.0	92.8	99.66

2016 年现场检测产量调查表

调查样点	示范区				对照区			
	1 米双行穗数	亩穗数	20 穗平均穗粒数	亩产量	1 米双行穗数	亩穗数	20 穗平均穗粒数	亩产量
1	206	457 800	33.8	611.2	195	433 354	32.4	554.6
2	212	471 134	37.2	692.3	198	440 021	31.7	551.0
3	216	480 023	36.4	690.2	215	477 801	32.3	609.6
4	213	473 356	35.5	663.8	207	460 022	33.4	606.9
5	211	468 912	34.3	635.3	197	437 799	34.4	594.9
平均	211.6	470 245	35.4	657.5	202	449 800	32.8	583.5
扣除水分乘以 0.85				558.8	扣除水分乘以 0.85			495.9

2016 年各示范点测产结果

示范点		平均亩穗数	平均穗粒数	平均千粒重（g）	产量（kg）	增产（%）
景县	示范区	47.90	33.60	39.50	635.73	11.01
	对照区	44.20	32.80	39.50	572.66	—
沧县	示范区	38.30	32.00	42.50	520.88	11.25
	对照区	36.60	30.10	42.50	468.21	—
泊头	示范区	39.10	35.00	43.00	588.46	12.25
	对照区	38.10	32.00	43.00	524.26	—
曲周	示范区	35.60	35.20	41.80	523.80	9.45
	对照区	32.90	34.80	41.80	478.58	—
馆陶	示范区	45.60	30.30	39.80	549.91	10.18
	对照区	42.80	29.30	39.80	499.11	—
平均						10.83

③ 2017 年实施效果。2017 年示范区整个生育期内没有喷药防治麦蚜，百株蚜虫数都在 10 头以下，几乎找不到蚜虫，防治效果达到 99% 以上。平均蚜株率都在 1% 以下，叶片上无蚜虫为害后的霉斑叶片。此外、为了使示范区小麦通过一次种子包衣达到病虫兼治的目的，示范区的小麦种子包衣还加入了杀菌种衣剂噻虫精甲咯（酷拉斯）。通过示范证明吡虫啉种衣剂与杀菌种衣剂噻虫精甲咯（酷拉斯）混用不仅能减轻苗期根部病害的危害，保证出苗率，还对出苗率有一定的促进作用。在降低播种量 15% 的情况下，试验区与对照区 1 米双行的苗数无明显差异，通过这一措施每亩地可以为农户节省小麦种子 3～3.5 kg。

通过大面积随机调查（田间踏查，查看害虫为害状，结合挖土调查），各示范点未发现金针虫、蛴螬等地下害虫明显为害，保证了小麦的合理亩株数。

经过河北省农药产品质量监督检验站检测，小麦籽粒中吡虫啉残留含量小于 0.02 mg/kg，低于国家限量标准。

2017 年蚜虫属于中等发生年份，农户对照区普遍需要防治 1～2 次麦蚜，2017 年平均喷药用工成本为每亩地 0.7～0.8 元，按最低 0.7 元/亩核算，示范区平均节省喷药用工费用 10.5 元/亩。

经过专家现场检测，百亩核心示范区平均增产 67 kg/亩，增产率 11.6%。

实施效果详见下表。

2017 年示范区蚜虫防治效果

示范区	示范区		对照区		防治效果（%）
	5 点平均百株蚜量（头）	蚜株率（%）	5 点平均百株蚜量（头）	蚜株率（%）	
景县示范区	6	0.80	2 360	100	99.74
沧县示范区	2	0.40	1 028	100	99.80
平均	4	0.47	1 694	100	99.77

不同种衣剂对小麦出苗的影响

调查地点：沧县鑫翰合作社样本面积：1 米双行						
药剂处理	播种量（kg/亩）	点 1	点 2	点 3	点 4	点 5	平均（株数）
空白对照	23.5	202	192	196	188	210	197.6
27%噻虫精甲咯 300	20.5	203	200	198	209	198	201.6
70%吡虫啉 500	19.5	199	190	195	192	203	195.8
17%多克酮 1500	19.5	193	201	196	192	194	195.2
27%噻虫精甲咯 300+70%吡虫啉 300	40	199	208	196	192	197	198.4
27%噻虫精甲咯 300+70%吡虫啉 500	39	192	199	203	189	195	195.6

示范区苗期根部病害防治效果调查

调查地点	示范区				常规措施				空白对照		
	调查株数	病株数	病株率（%）	防治效果（%）	调查株数	病株数	病株率（%）	防治效果（%）	调查株数	病株数	病株率（%）
景县	930	26	2.80	73.22	895	43	4.89	53.19	910	95	10.44
沧县	1 005	18	1.79	78.28	945	35	3.70	55.73	990	80	8.25

2017 年景县示范区专家测产结果

项目	亩穗数（万穗）	穗粒数	千粒重（g）	产量（kg）	增产率（%）
示范区	51.3	32.6	38.3	640.5	11.6
对照区	50.5	31.9	35.6	573.5	—

6%阿维·噻虫嗪微乳剂的示范

1. 成果来源与示范推广单位概况

由河北博嘉农业有限公司自主研发的6%阿维·噻虫嗪微乳剂是由阿维菌素与噻虫嗪按照最佳配比1:5复配的新一代杀虫剂，该成果是博嘉技术人员在室内生测、多个地区的田间药效试验基础上获得的，对棉花蚜虫具有触杀胃毒的作用，且加入强渗透剂大大提高其杀虫效果，真正起到上打下死隔叶杀虫的效果。并且对作物安全，持效期长，防治效果较好，对棉花品种安全，无药害产生。近两年在河北省衡水市、邢台市、邯郸市等地区进行了6%阿维·噻虫嗪微乳剂防治棉花蚜虫的田间药效试验，结果表明，使用了6%阿维·噻虫嗪微乳剂后，对棉花蚜虫的防效可达96.1%，效果显著，为今后更大面积推广应用打下基础。

示范推广单位为河北博嘉农业有限公司。该所是河北省科学院发起设立的生物农药项目（BT）转化企业，可进行农药微乳剂、微乳剂、悬浮剂、可湿性粉剂、水分散粒剂等剂型的生产。

2. 主要技术内容

（1）示范区的建立及对应区域的技术培训

主要是在示范区进行技术培训，采取多种渠道与各级政府及科技推广部门、农业专业户等合作，进行技术培训、发放技术资料等。

（2）示范点的田间示范安排

在安排的示范点进行示范。在河北省衡水市枣强县、邢台市威县、南宫市、邯郸市邱县等地的4个县区安排示范区，每个示范区设置示范点2～4个，利用优化组合的技术在多个棉花种植区建立相对连片的产品示范区，提供相应的使用技术支持与指导。

（3）效果调查

对示范区域的田块进行效果调查，每小区5点取样，每点固定5株棉花，共计25株棉花。于施药前调查棉花棉蚜基数，在棉蚜处于发生始盛期时均匀喷施示范药剂，并于末次药后7 d调查各个小区残虫数量，计算防治效果。

3. 组织实施情况与效果

示范区为衡水市枣强县大营乡金子村、唐林乡吉利村；邢台市威县贺钊乡张小河、张牛村、雪塔村，章台乡里村；南宫市大屯乡、大召村；邯郸市邱县古城营乡寨村、张省庄村、王省庄村，新马头乡李省庄村。共建立示范点14个，核心示范区面积达到1万亩，辐射面积达2.439 7万亩。

通过14地的示范效果表明：与当地常规用药效果相比，6%阿维·噻虫嗪微乳剂防治棉花蚜虫的效果显著高于 5%啶虫脒微乳剂、10%吡虫啉可湿性粉剂。示范药剂 6%阿维·噻虫嗪微乳剂在防治苗蚜和伏蚜，都只需施药 2 次，而对照药剂 5%啶虫脒微乳剂及 10%吡虫啉可湿性粉剂需要施药 3 次，相比对照药剂，示范药剂防治棉蚜在保证更好的防治效果同时，能有效减少施药次数，有效节约人力和药剂成本。

经过市场调研，结合 6%阿维·噻虫嗪微乳剂与常规药剂的每亩用药量和施药次数，每亩可节省用药成本 14.4%。

棉花最后收获前，取全小区吐絮棉铃，晾干至籽棉水率低于 12%后称重，以小区为单位测定小区实际产量。6%阿维·噻虫嗪微乳剂防治棉花蚜虫的示范效果表明：经过 6%阿维·噻虫嗪微乳剂防治的示范田块，最后的产量比对照田块最大可增产 7.75%，各地平均增产 4.46%，对增产表现出较为优异的效果。

硝磺草酮悬浮剂中试与示范

1. 成果来源与示范推广单位概况

硝磺草酮是一种高效安全的新型除草剂，它的作用靶标为对羟基苯基丙酮酸双氧化酶，主要用于防治玉米田的阔叶杂草和禾本科杂草，具有除草谱广、环境相容性好、对哺乳生物和水生生物毒性很低，对玉米十分安全及对后茬轮作作物无药害等特性，与同类产品相比，使用该产品后，可为农民增产增效，具有很大的市场需求和良好的应用前景。

示范推广单位为河北三农农用化工有限公司。该公司是国家农业部农药定点生产企业。

2. 主要技术内容

（1）硝磺草酮剂型细化选择

硝磺草酮可做成水悬浮剂和油悬浮剂。水悬浮剂的成本更低一些，三农农用化工公司对 SC 加工工艺更熟悉；油悬浮剂可减少药剂挥发和漂移的损失，降低药剂的表面张力，使药剂易于润湿，增强药剂的黏度，使药剂在植物叶面上，尤其是蜡质层厚的植物，不易反弹和滚落而造成药剂流失。市场反应油悬浮剂的施药效果是水悬浮效果的1.5～2 倍。因此，根据水、油悬浮剂各自特点适当调整助剂，选择相同主要助剂、配方及加工工艺，进行性能对比试验。

（2）硝磺草酮 OF 润湿分散剂再筛选

润湿分散剂的作用是降低被润湿物质的表面张力，是农药原药和填料颗粒充分润湿而保持分散稳定，便于研磨；同时还增加药液与作物的接触面积，可起到保持农药的有效浓度，增强植物的吸收、提高药效的重要作用。分散剂的作用是使复聚在一起的原药、填料颗粒经过剪切分散，并通过空间位阻效应而使农药原药颗粒长期稳定在体系中而不团聚。

（3）硝磺草酮 OF 分散介质选择

植物油类助剂与表面活性助剂一样可以降低空气和液体的界面上液滴的表面张力和减少触角。增强农药药剂在植物上的润湿性，增加农药雾滴在叶表面上的扩展面积，同时使药剂容易被黏附在植物叶片表面，增强了耐雨水冲刷能力，促进了植物对药剂的吸收作用，提高了农药的药效和农药的利用率。

（4）硝磺草酮 OF 工艺优化

通过对国内外的同行交流为了避免产品粒径分布不均问题，决定采用卧式三道串联式砂磨机的加工工艺生产，第一台砂磨机研磨介质的粒径为 1.6～1.8 mm，第二台砂磨机研磨介质粒径为 1.4～1.6 mm，第三台砂磨机研磨介质的粒径为 1.2～1.4 mm，逐级砂磨，控制粒径范围在 400～900 nm。

3. 组织实施情况与效果

硝磺草酮悬浮剂小试及中试在公司厂区内完成，位于石家庄市栾城区窦妪工业园；示范田位于邯郸、邢台。

厂内建成 500 t/年硝磺草酮悬浮剂生产装置，完成中试成果产业化；在邯郸邱县、邢台巨鹿县建立两个核心示范田，共计 300 亩。示范面积 4.8 万亩，辐射面积 50 万亩，除草效果 90%以上。

渤海粮仓农情监测与服务平台建设及示范

1. 成果来源与示范推广单位概况

（1）成果1：耦合土壤水蒸发模型的区域干旱与蒸散遥感监测系统

来源于中国科学院遗传与发育生物学研究所农业资源研究中心，属于农情遥感监测领域的软件著作权，获得时间是2014年10月。耦合土壤水蒸发模型的区域干旱与蒸散遥感监测系统的主要用途是采用改进的地表温度—植被指数特征空间法计算TVDI干旱指数和蒸散。系统模拟自然条件下最干旱裸地的蒸发与干旱指数的日变化，并依据模拟结果，对地表温度—植被指数特征空间中的拟合干边在裸地处的数值进行动态赋值，从而使拟合干边在裸地处的数值与实际情况相符合，从而能反应区域干旱状况的真实演变，而不是将拟合干边总是定义为最干旱的边界（即理论干边），提高了区域干旱指数与蒸散的反演精度。该系统在河北省晋州、曲周、藁城、鹿泉等地得到应用。

（2）成果2：一种可自动启动的遥测终端机

来源于河北恒源水务科技有限公司，属于物联网监测领域的实用新型专利，获得时间是2013年12月。该成果是一种可自动启动的遥测终端机采用低功耗设计，在太阳能供电的监测现场，可大大减少太阳能供电成本并降低施工难度，广泛应用于气象、水文水利、地质等行业。为保持低功耗，定时自动启动和上报信息，以实现长时间的监测应用。控制器系统，采用克prs/cdma技术进行水资源数据的无线数据传输，该技术具有实时在线、不受地域限制，有手机信号的地方就能进行数据传输，而且施工非常便捷，该技术采用微计算机技术、克prs、断线监测技术、控制技术、已经在多个水利部门安装使用。

示范推广单位为中国科学院遗传与发育生物学研究所农业资源研究中心。该中心针对华北地区严重缺水、耕地质量变差等问题，系统开展了资源节约型技术研究，以农业水资源高效利用研究为主攻方向，开展了农田水分循环机理及界面调控技术研究、生物节水潜力与机制研究和节水灌溉制度和农艺节水技术等方面的研究。

2. 主要技术内容

（1）在沧州市和衡水市选择重点农区安装6套物联网监测设备，对农田3层土壤含水量（0～20 cm，20～40 cm和40～60 cm）、土壤电导率、空气温湿度、风速以及作物长势（群体照片）进行实时监测，将数据无线发送到服务器。

（2）利用遥感技术和多源遥感数据，耦合物联网的农田墒情与作物长势监测信息提高农情遥感反演精度，定期监测沧州市和衡水市的作物长势及旱情，定期发布农情遥感监测简报，示范推广期内共发布9期（4—12月每月1期），为重点地区提供专题信息服务。

（3）完善渤海粮仓农情信息服务网站，开发微信服务公众号信息发布功能，实现对沧州市和衡水市、重点县和乡镇以及部分农业规模经营户农田墒情和作物长势的遥感监测信息、专家诊断指导信息进行发布，以及物联网实时监测信息的查询，农田物联网监测技术服务范围 3 万亩（平均每个监测点服务覆盖 5 000 亩）。

3. 组织实施情况与效果

示范推广实施区以南皮县为重点，辐射泊头、黄骅、海兴，同时包括衡水、邢台和曲周。

实施期间共布设了 13 套监测系统，建立了农情物联网监测平台，访问网址是 www.casbhlc.com/m^2。监测内容包括 20 cm、40 cm、60 cm 土壤相对含水量、温度和电导率，空气温湿度、风速，作物冠层照片。

在农情遥感监测上，以作物长势、墒情为主，兼顾病害，进行了不定期监测，结合地面农情物联网监测平台的信息，提高了遥感监测的准确性。目前已将农情报告按时进行了发布。

申请了新的网站域名（www.casbhlc.com），租用了云服务器，对渤海粮仓农情监测与服务网站进行了改版升级。组建了渤海粮仓信息服务微信群。开发了微信服务公众号（CASBHLC），内容涉及农情监测与服务、技术手册、农业科技园区等内容。

利用遥感技术和多源遥感数据，耦合物联网的农田墒情与作物长势监测信息提高农情遥感反演精度，定期监测沧州市和衡水市的作物长势及旱情，定期发布农情遥感监测简报，示范推广期内共发布 9 期（4—12 月，每月 1 期），为重点地区提供专题信息服务。

农情遥感监测任务已经完成，按照需要进行了不定期农情遥感监测并发布监测报告，范围以渤海粮仓实施区为重点，覆盖河北中南部平原区。

完善渤海粮仓农情信息服务网站，开发微信服务公众号信息发布功能，实现对沧州市和衡水市、重点县和乡镇以及部分农业规模经营户农田墒情和作物长势的遥感监测信息、专家诊断指导信息进行发布，以及物联网实时监测信息的查询，农田物联网监测技术服务范围 3 万亩（平均每个监测点服务覆盖 5 000 亩）。

基于云服务器，完善了渤海粮仓农情信息服务网站，微信群和微信公众号完成了开发，向县、乡、镇、大户进行推送服务。范围以南皮县为重点，覆盖整个河北中南部。

地衣芽孢杆菌多效微生物菌肥示范与应用

1. 成果来源与示范推广单位概况

该成果由中国农业科学院龙厚茹等专家经多年潜心研制，由神州汉邦生物技术有限公司完成，专利号：ZL201010233281.7。

该成果多年实践结果表明，在大量减少化肥、农药的同时，粮食作物（小麦、玉米、水稻）可增产10%以上。连续3年使用其菌肥产品，农产品可达到绿色标准。具有杀虫杀菌、抑制病虫害、促进作物生长、增产、提高品质、分解土壤农药残留、降解重金属、净化土壤作用等多种功效。适用作物品种：小麦、玉米、水稻、棉花、果树、蔬菜等多种作物。

示范推广单位为宁晋县利川种植专业合作社。该合作社主要业务范围有：组织成员开展生产劳动合作和农机具规模化作业；引进农机和种植新技术、新品种；开展技术培训、技术交流，为成员提供技术指导和服务；组织采购成员所需生产资料；对外开展有偿机械化作业服务。

2. 主要技术内容

（1）小麦技术方案

采用适宜本区域的的高产、节水抗旱、抗逆的济麦22、农大399、衡4399等小麦品种。玉米机收秸秆还田后，旋耕整地1遍，旋耕深度达到13～15 cm。底肥施肥方案，采取测土配方肥与菌肥相结合，每个示范田均进行测土，结合该菌肥有机质等含量，配置掺混肥。专用配方肥与菌肥随配随用。配方肥28 kg，菌肥13 kg。菌肥约占总底肥量的30%。使用包衣种子。适时播种（播期10月5—12日），基本苗22万～28万/亩，适墒一播全苗，播后镇压。灌水与追肥，底墒不足及秋季干旱时，增加冬前灌水。推迟春1水。春季拔节、抽穗开花灌水。追施尿素25 kg/亩，按7：3比例于拔节期、抽穗开花期施用。缺钾地块于拔节期追施硫酸钾肥5 kg/亩。病虫草害统防统治，采用"一喷综防技术"。

（2）玉米技术方案

选用抗倒、生长期适当、产量潜力大的郑单958品种作为主导品种，示范联创808品种。小麦收获后抢时早播，采用"玉米深松分层施肥精播机"单粒精播，种肥同播，密度增加到4 800～5 000株/亩，规范机手播种作业，保证一播全苗。播后灌水快速浇水，促玉米及早出苗。施肥方案，采取测土配方肥与菌肥相结合，每个示范田均进行测土，结合该菌肥有机质等含量，配置掺混肥。专用配方肥与菌肥随配随用。配方肥30 kg，菌肥14 kg。菌肥约占总底肥量的30%。大喇叭口期随水追尿素15 kg。病虫草害，注意苗期杂草防治，采用一喷多效高效防除技术，用无人植保机田间作业。统防统治。适期收获，采用机械化收获。

3. 组织实施情况与效果

示范推广地点为宁晋县。以宁晋县贾家口镇小刘村为中心建立起千亩示范区；在贾家口镇、四芝兰镇、大陆村镇、纪昌庄乡四个相近乡镇基本连片万亩示范区1个；辐射区：以贾家口镇、四芝兰镇、大陆村镇、纪昌庄乡、侯口乡为中心，向周边村镇区域辐射推广5万亩以上。

建立千亩示范方1 200亩，万亩辐射区10 654亩。千亩示范方亩产小麦510 kg、玉米690 kg；万亩示范区亩产小麦500 kg、玉米670 kg。小麦节水15 m³/亩；玉米节水10 m³/亩，合计节水25 m³/亩。小麦玉米全年减少化肥使用量10 kg（配方基肥），减少喷药一次（土传病虫），亩节支45元。

·农机农艺结合与农业机械配套·

玉米秸秆粉碎腐解剂喷洒机械化联合作业技术

1. 成果来源与示范推广单位概况

该成果是针对生产上秸秆长期还田存在的问题，即秸秆多年连续全量还田，还田量大，自然腐解过程缓慢，大量秸秆和残茬在土壤表层累积，出现了养分和根系表聚，水分养分供应不畅，作物生长受阻。加上秸秆表聚对农机具开沟器等部件的缠绕、阻塞，严重影响了田间作业效率和下茬作物播种、出苗质量，秸秆还田的出苗率降低 30% 左右。采用腐熟剂喷施与机械粉碎相结合的还田技术，进行了秸秆快速腐熟还田机联合作业的研发，并获得国家发明专利，"一种秸秆粉碎喷洒联合作业机"，专利号为 ZL201310418185.3，发明人：陈素英、张西群、胡春胜、彭发智、张俊杰，专利完成单位：中国科学院遗传与发育生物学研究所农业资源研究中心和河北省农业机械化研究所有限公司，专利权人：中国科学院遗传与发育生物学研究所农业资源研究中心。

"一种秸秆粉碎喷洒联合作业机"包括牵引车、秸秆粉碎机和腐解剂喷洒装置，秸秆粉碎机上设有牵引架与牵引车相连接，秸秆粉碎机包括刀轴、机壳、地轮，刀轴上设有刀片且装配在机壳内，地轮设置在机壳出料口的后方，腐解剂喷洒装置包括储液箱、水泵组合和喷头，储液箱设有进液口和出液口，水泵组合的进液口与储液箱的出液口相连通，水泵组合的出液口与喷头相连通，其特征在于：腐解剂喷洒装置通过固定支架固定在机壳上，喷头为两组，一组一次喷头设置在机壳出料口下方，另一组二次喷头设置在地轮后方。实施秸秆粉碎与喷施腐熟剂相结合的作业方式能更好地促进秸秆的快速腐熟，7 个月后的秸秆腐解率为 97.2%，比单一机械粉碎方式高 17.1%；能够更好地促进作物生长，腐熟还田后的地块小麦出苗率以及后期长势良好，产量比单一机械粉碎方式高 16.5%。该技术针对渤海粮仓实施区域土壤贫瘠，开展中低产农田秸秆还田与腐解剂喷施相结合技术，加快秸秆腐解、快速提升土壤地力和粮食单产、推进和完善作物秸秆快速腐解和机械化还田，提升粮食的生产能力。

该发明的效果是：采用农业机械化秸秆还田的同时，用生物化学制剂来加速秸秆腐解。克服秸秆机械还田只能从物理性状上破坏秸秆结构，而不能从根本上快速腐解秸秆的弱点；缓解了由于机械秸秆还田腐解率低、速度过慢，影响农田土壤整地播种质量、降低作物产量和品质等诸多问题。该技术的应用将对中低产田的土壤地力快速提升、提高作物单产具有重要意义，并能推动区域秸秆机械化还田的进程。

示范推广单位为中国科学院遗传与发育生物学研究所农业资源研究中心。该中心针对华北地区严重缺水、耕地质量变差等问题，系统开展了资源节约型技术研究，以农业水资源高效利用研究为主攻方向，开展了农田水分循环机理及界面调控技术研究、生物节水潜力与机制研究和节水灌溉制度和农艺节水技术等方面的研究。

2. 主要技术内容

秸秆腐解剂的筛选、秸秆粉碎喷洒联合作业机的改进和完善。

添加秸秆腐解剂有利于秸秆的快速分解，但秸秆腐解剂加速秸秆分解的效果是有条件的，高温和高湿度条件下有利于秸秆腐解剂发挥作用，位于地表的秸秆前期分解较快，与土壤混合后的秸秆后期随着土壤温度升高和湿度增加，后期秸秆分解速率加快。腐解剂喷洒和增加氮肥有助于秸秆的快速腐解。北京阿姆斯生物制剂有限公司的阿姆斯生物发酵剂和广东金葵子生物科技公司的秸秆腐熟剂效果较好，使用秸秆腐解剂可以提高秸秆腐解速率 14.6%，当季小麦增产 16.4%，亩增加效益 138.6 元/亩。另外，还研发和生产了固体和液体秸秆腐解剂喷洒机械。

3. 组织实施情况与效果

在南皮县小偃谷物合作社和五拨村进行示范和推广。在南皮县乌马营的白坊子村和东五拨村分别进行了 360 亩的田间试验，在南皮县乌马营镇相连的东五拨、西五拨、前五拨、张三拨、徐郎中，建立连片示范区 10 460 亩，辐射区面积达 23 000 亩。

在推广示范区应用该技术增产、节水、增效明显，分别达到 13.2%、33.3%、17.12% 以上。

推广示范快速腐熟秸秆还田技术，提高了秸秆机械化还田率，减少秸秆就地焚烧污染环境；有利于中低产田土壤肥力的快速提升，提高土壤的生产潜力，有利于农民的增产和增收，带动农机行业的发展。

玉米深松分层施肥精播机应用与推广

1. 成果来源与示范推广单位概况

玉米深松分层施肥精播机来源于河北圣和农业机械有限公司。玉米深松分层施肥精播机为悬挂式播种机，可一次完成深松土壤、播种玉米、施肥 3 项作业。该机型由机架、种箱、肥箱、深松部分、播种部分、排肥机构、传动机构、开沟器、地轮等部分组成。播种机构采用了勺轮式排种器和株距变速器，可实现 8 种不同株距的单粒播种。深松部分采用凿式深松铲，并在铲柄的前方加装了防缠辊，防止由于秸秆或杂草的缠绕造成的拥堵。与 66～81kW 的大型拖拉机配套使用。该产品于 2012 年投产，2013 年销售 128 台，每年呈不断增加趋势。在宁晋县已有少量使用。

示范推广单位为宁晋县安农农机专业合作社。该合作社主要业务范围有：组织成员开展生产劳动合作和农机具规模化作业；引进农机和种植新技术、新品种；开展技术培训、技术交流，为成员提供技术指导和服务；组织采购成员所需生产资料；对外开展有偿机械化作业服务。

2. 主要技术内容

品种选择：选用高产耐密、抗逆性广的玉米品种。在贾家口镇千亩示范区选优质包衣、种子发芽率在 95% 以上的金博士郑单 958 或绿宝石郑单 958 品种。

施基播种：对示范区的土壤进行土壤养分检测，通过中农配肥站生产出配方肥。采用玉米深松分层施肥精播机进行播种，行距 60 cm、株距 20～21 cm。种肥同播，施肥量为 30 kg/亩。控制播种速度 4.4 km/h，覆土深度 4 cm，播种密度为 5 000～5 500 株。小麦收获后抢时早播，播后 24 h 内保障浇水。

水肥管理：播种后采用移动式微灌设备抢浇出苗水，亩灌水量 20～30 m^3。大喇叭口期采用移动式微灌设备灌水，亩灌水量为 15～20 m^3，同时喷施尿素 15 kg/亩、硫酸钾 5 kg/亩。吐丝期采用移动式微灌设备灌水，亩灌水量为 15 m^3，同时喷施攻粒肥尿素 5 kg/亩。一般年份玉米亩总灌水量 70 m^3，干旱年份可适当增加灌水量。

化控技术：玉米 7～11 叶期，用矮壮丰等生长调节剂进行叶面喷施，控制株高，降低穗位，提高玉米抗倒伏能力。

适时晚收：玉米每推迟一天收获可增产 5～6 kg/亩，示范推广区域玉米在 9 月 5—10 日收获。

3. 组织实施情况与效果

示范推广区域地点为河北省宁晋县。在宁晋县贾家口镇小刘村租用土地 120 亩，建成了一个百亩核心区；通过农资补助的方式在贾家口镇、大陆村镇、米家庄村建成 1 200 亩的千亩示范方；通过对有关乡镇主管农业科技副乡长、合作社代表、种粮大户的培训，提高了对示范推广技术先进性的认识，在大陆村镇、贾家口镇辐射面积达到 2.5 万亩以上。

示范区亩产 687.3 kg，对照区亩产 598.3 kg，亩增产 89 kg。每亩灌水量共 50 m³。该机械的应用，可提高土壤的蓄水能力，节约用水每亩 20 m³。

环渤海地区优质苜蓿生产全程机械化示范

1. 成果来源与示范推广单位概况

（1）成果名称：一种联合整地机

成果来源于石家庄鑫农机械有限公司自主研发。牧草切根平地补播施肥一体联合作业机能够一次完成苜蓿切根、播种、施肥、平地、除杂草、覆土的多种功能。主要解决刈割后苜蓿再长能力弱的问题，再加上补播种子、施肥、平地剔除初生浅根杂草，可促进牧草种植高产、稳产、增产5%～15%，还平整土地，适合机械化作业，为生产产量高、优质、高端苜蓿打下了坚实的基础，还提高了农民收入。

（2）成果名称：一种小型自走式苜蓿刈割压扁机

成果来源于石家庄鑫农机械有限公司自主研发。自走式旋转割草机（带压扁结构）具有双驱自走、刈割压扁、液压控制和自动仿形、前悬挂挂接作业、自走式作业等功能，可以一次性完成苜蓿等牧草的有效刈割、压扁、铺放和集条，在进行牧草压扁调质的同时，实现牧草茎与叶快速同步干燥，减少损失，提高牧草收获效率，保障牧草质量。

示范推广单位为石家庄鑫农机械有限公司。该公司是农业部唯一指定的牧草机械产学研基地，是中国农场机械装备专业定制商。

2. 主要技术内容

环渤海地区优质苜蓿全程机械化作业的关键设备有牧草切根平地补播施肥一体联合作业机、自走式9G-1.2/2.1旋转割草机（带压扁结构）。

牧草切根平地补播施肥一体联合作业机、自走式9G-1.2/2.1旋转割草机（带压扁结构）在示范期间升级完善3代以上。

在保证环渤海区苜蓿种植质量和刈割质量的基础上，示范推广升级完善刈割压扁后续苜蓿加工专用机械并完善升级3代以上并大力示范推广，包括（苜蓿刈割压扁后的晒制干草系列机械：搂草机、打捆机。草捆运输车等），苜蓿刈割压扁后的青贮系列机械（半干牧草捡拾青贮机、圆捆包膜机），解决环渤海区2、3茬苜蓿青贮收获问题以及苜蓿刈割压扁后的饲喂加工系列机械。

3. 组织实施情况与效果

示范基地位于黄骅绿丰苜蓿种植专业合作社。

2017年5—8月，自走式9G-1.2/2.1旋转割草机（带压扁结构）在黄骅绿丰苜蓿种植专业合作社现代机械作业示范基地进行刈割作业，作业面积10 000亩以上。完成了现代化作业模式与传统模式数据对比工作。在刈割作业的基础上，完善饲草刈割压扁后的晒制干草系列机械、饲草刈割压扁后的青贮系列机械、饲草刈割压扁后的饲喂加工系列机械。

2017年9—11月，以自走式苜蓿刈割压扁机和刈割收获完成后的牧草切根平地补播施肥一体联合作业机在黄骅绿丰苜蓿种植专业合作社现代机械作业示范基地为龙头以点带面进行规模示范。

与同类传统机型相比，其作业效率、最终牧草产品营养质量、产量、价格等综合指标增效20%以上，改进完善牧草切根平地补播施肥一体联合作业机、自走式9G-1.2/2.1旋转割草机（带压扁结构）继续示范推广饲草刈割压扁后的晒制干草系列机械、饲草刈割压扁后的青贮系列机械、饲草刈割压扁后的饲喂加工系列机械。

大规模农田全程机械化标准种植模式

1. 成果来源与示范推广单位概况

依据 2014 年 2 月颁布实施的河北省地方标准——"冬小麦夏玉米全程机械化技术规程"（DB 13/T 2004—2014），进行技术熟化，通过农机农艺有机融合，在"河北省渤海粮仓建设工程"馆陶基地和宁晋基地进行适度规模种植条件下的粮食生产全程机械化技术与设备示范推广。

"冬小麦夏玉米全程机械化技术规程"由河北省农林科学院粮油作物研究所起草制订。是针对河北省小麦玉米一年两熟种植的生产特点，在多年规模化、机械化种植试验研究的基础上完成的。于 2014 年 1 月 25 日由政府颁布，形成了河北省地方标准。该标准规定了冬小麦–夏玉米的农用整地、品种选择、机械化播种要求、机械化田间管理及收获等要求，具有较强的实用性和可操作性。其技术水平居国内领先。

示范推广单位为石家庄农业机械股份有限公司，主要产品有播种机械，秸秆切碎还田机械，秸秆切碎收集机械，中耕追肥机械以及深松机械等 5 大系列，50 多个品种。

2. 主要技术内容

以北斗导航等现代农业信息技术和计算机智能设备为依托，针对河北省小麦玉米一年两熟种植的生产特点，通过对现有植保机械的改造提升，使冬小麦、夏玉米全程机械化技术化，通过农机与农艺结合，农机化与信息化融合，建立面向乡镇的规模化农田机械化植保技术核心示范区和辐射区，开展新型农机植保装备技术和服务模式的示范推广，使机械化植保水平能满足农业生产需求，而且具有较强的实用性和可操作性，其技术水平居国内领先。

主要任务如下。

①根据不同种植条件，制订合理的小麦玉米一年两熟区继续植保技术方案，研制、筛选出清垄免耕精密播种机、撒肥机、铧式犁、圆盘耙、24 行施肥播种机、果穗仓、采棉机、棉花移栽机、喷药飞机、激光平地机等机型，确保种植模式及农机作业模式。

②进行大面积规模化种植模式下的机械化植保技术示范。在邯郸、馆陶县南徐村乡，进行大面积规模化种植模式下的机械化植保技术示范。

③进行植保机械的改造提升。以合作单位—河北科技大学为技术依托，将北斗导航等现代农业信息技术和计算机智能设备与植保机械配合。进一步提高农机作业效率和作业质量，减少土地污染，提高粮食产量。

④实现节水灌溉。有效的减少水分蒸发，提高了水分的有效利用率。

⑤进行全程机械化作业，特别是利用高地隙动力平台在田间进行灌溉、追肥、植保作业。以提高播种质量，合理灌溉追肥，减少病虫害发生。

3. 组织实施情况与效果

该模式由石家庄农业机械股份有限公司与河北省农林科学院共同实施。在宁晋、馆陶两县示范推广 5 万亩。

在馆陶县、宁晋县的科技示范区配置全程机械化机械设备共计 17 台。其中重点改造的农机具有条带粉碎玉米精量播种机，获发明专利一项。2BFX-24 小麦播种机一台。改进后的机具更适合渤海粮仓地区小麦、玉米两熟种植模式下的机械化作业。出苗率达到 95% 以上，播种深度一致，解决了大小苗问题，防治二点委叶娥病虫害效果显著。全年亩产量有明显提高。

在邯郸市馆陶县南徐村乡康庄村千亩规模的两熟制粮田机械化作业模式；合理配置、组装麦-玉两熟种植区机械化生产成套设备 1 套。

按照河北省地方标准《冬小麦、夏玉米全程机械化技术规程》制定适合机械化作业的标准农田建设方案 1 套。

以激光平地机、联合整地机、深松机、翻转调幅铧式犁、圆盘撒肥机、动力驱动耙的研发试制为目标，对秸秆还田机、小麦播种机、玉米清垄播种机共 3 台进行改进，完善生产工艺条件，确定产品技术参数。

通过工艺道式机械化作业模式，在小麦玉米生产全过程实现机械化作业。整个农业生产环节机械化程度在馆陶县南徐村达到 91%，在宁晋县换马店镇达到 96%，玉米机械化收获率达到 100%，节水分别为 50 m^3/亩和 60 m^3/亩，每亩节约用工 6 个，病虫害防治效果提高 12.5%，亩节本增效分别为 400 元/亩和 441.74 元/亩，与人工作业相比，大幅度降低劳务用工及劳动强度。

成果转化基地建设情况与辐射应用情况见下表。

成果转化基地建设情况与辐射应用情况

县域名称	引进转化成果名称	成果转化基地建设情况		成果辐射应用情况					
		示范区面积（亩）	示范区亩产（kg）	示范区对照亩产（kg）	示范区亩节水（m^3）	辐射区面积（亩）	辐射区亩产（kg）	辐射区对照亩产（kg）	辐射区亩节水（m^3）
馆陶县	大规模农田全程机械化标准种植模式	3 万	玉米 675	625	50	24 000	595	530	40
馆陶县	大规模农田全程机械化标准种植模式	3 万	小麦 525	485	50	26 000	455	415	40
宁晋县	大规模农田全程机械化标准种植模式	2 万	玉米 850	800	50	18 000	700	610	40
宁晋县	大规模农田全程机械化标准种植模式	2 万	小麦 675	625	50	17 000	570	525	40
合计	—	—	—	—	—	—	—	—	—

自走式喷杆喷雾机的推广示范与应用

1. 成果来源与示范推广单位概况

该成果来源由河北省农业机械化研究所有限公司自主研发。自走式喷杆喷雾机可使农民从繁重的体力劳动中解脱出来，从而提高劳动效率。根据不同地区的环境制造出适合该地区的喷雾机，使自走式喷杆喷雾机具有喷洒效率高、劳动强度低，喷施均匀等特点，让用户使用该机具回本快、省时省力、节约药物、保护环境。加强企业管理，提高产品质量，生产出让老百姓用着放心的高质量产品。

自走式喷杆喷雾机具有作业效率高、药液量分布均匀、喷洒质量好、安全性能高、效益高等特点。

①自走式喷杆喷雾机的药箱容积大，作业效率在前机型 20 亩/h 的基础上提高到 22～25 亩/h。

②高地隙的设计使得机具在对不同农作物、不同生长期以及高秆、低秆作物进行药物的喷施时行走自如。

③药液分布均匀，喷洒质量好，可将施药对农作物的伤害、损伤降到最低点。每亩喷雾量比人工降低 20%，每亩节约药剂 20%，起到了节约成本，保护环境的作用。

④机具耗油量低，单位面积耗油量 ≤0.05 L/亩，耗油降低 0.01 L/亩。按照油价 6 元/L 计算，每亩耗油可降低成 0.06 元。

示范推广单位为佳和保丰河北农业机械制造有限公司。该公司是一家集农业机械装备的研发、制造、销售、服务于一体的现代化企业，主要产品有：100 型、300 型、400 型自走式喷杆喷雾机现代农业装备。

2. 主要技术内容

自走式喷杆喷雾机三种类型（3WPZ-100-3，3WPZ-300-3，3WPZ-400-3）的推广应用。

3. 组织实施情况与效果

试验基地设在曹洼乡志恒粮棉种植合作社、沟店铺井良粮棉种植合作社和安陵镇士学粮棉种植合作社及其他种植大户，建立示范推广区 4 万亩。

在小麦起身前喷施杀虫剂有效防治灰飞虱，小麦抽穗期喷施杀菌杀虫剂对小麦白粉病和蚜虫，收到良好的防治效果。

在夏玉米播种后出苗前喷洒除草剂，有效地控制杂草生长，夏玉米抽穗前喷洒杀虫剂防治玉米螟效果显著。

在棉花现蕾期、结铃期喷洒杀虫剂，有效防治棉花苗蚜、伏蚜和棉铃虫为害。同时还在大豆、油菜结荚期、蔬菜生长期、辣椒成熟期作了多项杀虫剂、催熟剂和脱叶剂的示范应用，均收到了良好的效果。

植保喷雾技术及配套机具中试与示范

1. 成果来源与示范推广单位概况

示范推广转化的成果为自走式喷杆喷雾机,该技术由河北省农业机械化研究所有限公司提供,由佳和保丰河北农业机械制造有限公司完成机具生产,并委托安徽省农业机械试验鉴定站对该机具的鉴定。

自走式喷杆喷雾机具有机械化和自动化程度高、使用方便、通过性好、适用范围广、施药精准高效等优点,可有效提高农药利用率、减少农药使用量和对环境的污染,适用于我国大田种植的棉花、大豆、油菜、蔬菜以及玉米、甘蔗等不同作物在不同生长期进行杀虫剂、杀菌剂、除草剂及催熟脱叶剂、增产增糖剂、叶面肥料等的病虫草害防治。主要技术参数如下。

药箱容积:400 L。

喷雾工作压力:0.2~0.4 MPa。

喷杆喷幅:7.5 m。

配套泵工作压力:2.5 MPa。

流量:45 L/min。

喷头数量:12 个。

雾化喷嘴喷雾角度:110°。

工作效率:35~50 亩/h。

经安徽省农业机械试验鉴定站检测,机具各项性能指标均达到了相关标准要求,并于 2014 年 9 月 24 日获得安徽省农业机械管理局推广鉴定证书。

该机具在河北沧州和安徽、新疆等地进行了推广示范,应用发现:该机喷洒药液雾点细、雾化均匀、可减少药液用量,不但提高了农药的利用率,也降低了对环境污染。该机的研制成功,为植保机械提供了一种新型装备,是农作物病虫害防治技术的机械化保障。

该机已获得国家两项实用新型专利,专利号:ZL 2014 2 0767739.0 ZL 2014 2 0767673.5。

该自走式喷杆喷雾机,于 2015 年已在吴桥县进行了推广应用,试验效果很好,为示范的实施奠定了良好的前期基础。

示范推广单位为河北省农业机械化研究所有限公司。该公司是在 2003 年由河北省农科院农业机械化研究所改制的科技型企业,是目前河北省唯一以农业机械研究和开发为主的科研机构。现设有粮油作物收获机械、牧草加工机械、保护性耕作机械、节水灌溉、设施农业机械、果树作业机械等研究方向。

2. 主要技术内容

（1）示范推广单位负责制订实施方案，机具的优化改进。通过试验、优化设计、改进，使机具作业性能得到明显改善、整体质量和可靠性得到提高，并为示范基地提供足量的新型自走式喷杆喷雾机。

（2）机具改进生产，由佳和保丰河北农业机械制造有限公司进行生产制作和推广销售。

3. 组织实施情况与效果

近年来由于气象条件的变化和种植方式的改变，农作物病虫害在河北省呈加重趋势，示范推广实施地点安排在河北省沧州市吴桥县沟店铺乡，属黑龙港流域中部在河北省具有广泛的代表性。在吴桥县沟店铺乡的王士良、蒋家阚、东边、无名树等村建立示范基地，示范面积1万亩，其中核心示范区1 000亩。

在对照田采用常规机械植保喷药，核心示范区采用8台机具同时集中喷药技术和优选进口陶瓷喷头，喷头雾化效果优越，没有重复喷药和遗漏，比对照田节省农药20%以上。

小麦现场测产，示范区平均亩产（理论产量85%）520.3 kg，对照区平均亩产（理论产量85%）485.7 kg，示范区比对照区亩增产34.6 kg，增产率7.1%。

4JQS 系列秸秆青贮收集机的示范与推广

1. 成果来源与示范推广单位概况

该机械是河北省农业机械化研究所有限公司与石家庄市中州机械制造有限公司共同拥有的科研成果，2014 年 10 月 30 日通过了河北省科技厅组织的成果鉴定。

4JQS 系列秸秆青贮收集机是在改造现有秸秆粉碎还田机结构的基础上，增加了秸秆接料、秸秆输送和秸秆抛送等装置，达到秸秆切碎并收集的功能。该系列机具由机架、变速箱、粉碎装置、秸秆输送、秸秆抛送装置及传动装置等组成。该机的工作原理为：利用拖拉机后动力输出轴作动力，经万向节传至青贮机变速箱，再经齿轮和皮带轮两级传动将动力传至刀轴滚筒，高速旋转的刀轴带动其上铰接的甩刀，将地表的秸秆拾起，并将秸秆切碎，抛至机壳后部的接料筒，筒内的搅龙利用从刀轴传来的动力将切碎的秸秆输送到机壳右侧的抛送装置，抛送装置利用其上多个叶片的离心作用，将切碎的秸秆经出料筒抛送到收集车内。该成果的先进性表现在：在国内首次使用高强度碳纤维材料代替普通钢板作为抛送叶轮片材料，减轻了叶片重量，提高了叶片强度，增加了风机的使用寿命；风机轴与搅龙轴同心不同速，既结构简单又能同时实现搅龙低速和抛送叶高速旋转的需要，秸秆不易堵塞，已获国家实用新型专利；双侧独立传动，保持整机结构对称，机具稳定性好。主要技术性能指标如下。

结构形式：三点悬挂侧边皮带传动。

配套动力：40～80 kW 轮式拖拉机。

收获幅宽：1 300 mm、1 700 mm、2 000 mm。

作业前进速度：2.5～4 km/h。

生产性能：切碎长度标准差≤2.0%。

切碎轴转速：2 000 r/min。

切碎长度相对误差≤13%、割茬高度≤100 mm。

秸秆粉碎长度合格率：（<100 mm 的碎段）>95%。

秸秆回收率：>75%。

4JQS 系列秸秆青贮收集机可一次完成作物秸秆粉碎，并将粉碎的秸秆收集起来，一为发展畜牧业提供了丰富的饲料资源，促进畜牧业的发展；二是为生物质发电等提供丰富的原料，使农民增收；三是解决秸秆焚烧造成的污染问题，提高环境质量。

示范推广单位为河北省农业机械化研究所有限公司。该公司是在 2003 年由河北省农林科学院农业机械化研究所改制的科技型企业，是目前河北省唯一以农业机械研究和开发为主的科研机构。现设有粮油作物收获机械、牧草加工机械、保护性耕作机械、节水灌溉、设施农业机械、果树作业机械等研究方向。

2. 主要技术内容

（1）4JQS系列秸秆青贮收集机的生产与试验。完善机具性能，制作机具批量生产的工装与设备，小批量生产4JQS系列秸秆青贮收集机，具备大批量生产的能力。

（2）4JQS系列秸秆青贮收集机的示范与推广。

3. 组织实施情况与效果

示范基地位于威县七级镇魏疃村、后未町村，以其为示范中心进行技术辐射，与威县七级镇魏疃村相连的七级村、北高庄、太平庄、高亮、北双庙、阎家庄、张庄、大刘庄、西范庄、代家庄、韩家庄、西现庄等，建立连片示范区15 000亩。

4JQS系列秸秆青贮收集机秸秆粉碎长度合格率99%；秸秆回收率91.6%；留茬高度160 mm；物料抛送垂直高度2.7 m；物料抛送水平距离3.88 m。

4JQS系列秸秆青贮收集机的使用，可使秸秆量减少并提高播种出苗率，与当地同类技术相比，节本增效达到35.3%。该机械可一次完成作物秸秆粉碎、收集利用，促进了秸秆的综合利用，一为发展畜牧业提供了丰富的饲料资源，促进畜牧业的发展；二是为生物质发电等提供了丰富的原料，使农民增收；三是解决了秸秆焚烧造成的环境污染，提高了环境质量。

中心支轴式喷灌机示范与推广

1. 成果来源与示范推广单位概况

实施转化的成果为中心支轴式喷灌机，该技术由河北省农业机械化研究所有限公司提供，由河北盛博喷灌设备有限公司完成机具生产并委托内蒙古自治区农牧业厅完成对该机具的鉴定。

中心支轴式喷灌机由中心支座、塔架车、喷洒桁架、末端悬臂和电控同步系统等部分组成。装有喷头的若干跨桁架，支承在若干个塔架车上。桁架之间通过柔性接头连接，以适应坡地等作业。每个塔架上配有电机作为行走动力，配套动力可用电网或柴油发电机组，还配有专门安全可靠的电控同步系统，用于启闭塔架车上的电机。最远处的塔架车先启动，根据工况，逐个启动相邻的塔架车。所有的塔架车就一个跟一个的运转起来，绕着中心支轴旋转，从而实现圆形面积的自动喷洒作业。

主要技术参数：单位跨体长度 40～66 m，管道直径 140～254 mm，喷头间距 0.7～2.5 m，通过高度 3～5 m，供电方式为地埋电缆或发电机组，供水方式为地埋管道或蓄水池二次提水。

2010—2015 年，该机已在内蒙古自治区和东北等地区进行了多年常规对比试验和推广示范，通过推广和示范发现：使用该机进行喷灌作业，节水、节地、增产效果显著。该机的研制成功，为农作物高效灌溉技术提供了一种新机具。

示范推广单位为河北省农业机械化研究所有限公司。该公司是在 2003 年由河北省农科院农业机械化研究所改制的科技型企业，是目前河北省唯一以农业机械研究和开发为主的科研机构。现设有粮油作物收获机械、牧草加工机械、保护性耕作机械、节水灌溉、设施农业机械、果树作业机械等研究方向。

2. 主要技术内容

示范推广的主要任务是中心支轴式喷灌机示范与推广，主要包括以下内容。

①示范推广单位负责制订中心支轴式喷灌机的优化改进方案，并根据用户的需求，为用户制订适宜的机具配置方案。

②机具改进生产与安装调试，由河北盛博喷灌设备有限公司进行生产制作与安装调试。

3. 组织实施情况与效果

示范推广实施地点为宁晋县大陆村镇，在该镇建立示范基地，示范面积 1 万亩，其中核心示范区 500 亩。

　　一台两跨的中心支轴式喷灌机一人值守一天可灌溉 50 亩地；而同样 50 亩地用畦灌方式需要 8~10 个劳动力。按 100 元/人工计算，单次灌溉每亩可节约人工费 14~18 元，以小麦灌溉 3 次为例，可节约人工费 42~54 元。

　　对照田为畦灌灌水 2 水，灌水量 38 m³/亩，引水渠和畦埂占地平均 73 m²/亩，示范区灌溉 2 水，灌水量 26 m³/亩，喷灌机占地 4 m²/亩。示范区可节水 31.6%，节地 10.3%。示范区平均亩产（理论产量 85%）542.6 kg，对照区平均亩产（理论产量 85%）484.7 kg，示范区比对照区亩增产 57.9 kg，增产率 11.9%。

DYP-325 电动圆形喷灌机应用与示范

1. 成果来源与示范推广单位概况

河北华雨农业科技有限公司自主创新研制成功 DYP-325 电动圆形喷灌机。该机型 2013 年通过内蒙古自治区农牧业机械试验鉴定站鉴定，并由内蒙古自治区农牧业厅颁发《农业机械推广鉴定证书》。

DYP-325 电动圆形喷灌机技术性能指标：整机长度 325 m，桁架跨距 50 m，悬臂长 15～25 m，塔架数目 6 个，入机流量 130～150 m^3/h，降水量 5.21～52.1 mm/h，喷洒均匀系数≥90%，一圈灌溉面积 502.5 亩，驱动电动功率 1.1 kW，末端最小工作压力0.15～0.25 Mpa，最大爬坡能力 25%，地隙 3.3 m。

该喷灌机适宜喷灌各种质地的土壤及各种大田农作物，具有高效节能，节水 30% 以上，增产 10%，省工省时 50% 以上，自动化程度高，便于运行操作。

示范推广单位为河北华雨农业科技有限公司。该公司主要研发、生产、销售和推广先进节水灌溉装备，是我国较早生产大型喷灌机的龙头企业。

2. 主要技术内容

①利用大型喷灌机技术特点，产品优势，节支增收效果明显等优势，在示范基地进行实地测量，确定布置合理的安装位置，安装 DYP-325 型电动圆形喷灌机。安装调试喷灌设备，培训使用人员，规范安全使用操作规程及注意事项。使用过程中及时进行技术指导及维修。

②在大田农作物上进行示范应用：农艺技术专家根据农作物生长的技术特点，生长期间依据土壤、气候、环境，肥料补充，水分的浇灌进行综合考虑，逐项现场指导。在不同的农作物种类如小麦、玉米进行示范应用。

3. 组织实施情况与效果

示范基地位于沧州吴桥县曹洼乡前李村和邯郸广平县十里铺乡，前李村示范面积10 000亩，十里铺乡示范面积5 000亩。分别在 2016 年、2017 年度种植小麦和玉米各一季。

在示范基地进行实地测量确定布置合理的安装位置，设计安装 DYP-325 型喷灌机，培训使用人员的操作技术、操作注意事项及保养与维修。在小麦、玉米的耕种、生长期进行田间技术指导，培养科学种植能手。

两个示范区内种植的小麦与玉米长势良好，明显优于同等条件下的区域外农作物，能够达到节水、省工省力、增收的任务目标。

第三部分
试验示范基地建设

南皮县增粮技术示范基地建设

1. 成果来源与示范推广单位概况

通过开展微咸水补灌吨粮、适水灌溉技术、雨养旱作增粮技术及技术模式的示范推广，配套良种全覆盖、地力提升、节水灌溉和规模化示范工程的实施，实现"增粮、节水"的目标。在南皮已经建立的盐碱低产区、脱盐中产区和节水高产区三区的示范基地，继续建立精品示范方，精品示范方面积4 000亩。重点抓好三区建设，三区面积为15 000亩，示范面积达到10万亩，辐射面积50万亩。通过技术的推广应用，示范区小麦产量亩增40 kg，玉米亩增60 kg以上，周年粮食单产增加100 kg的水平；节约淡水和化肥利用率15%以上，亩节本增效达到120元以上。

基地建设与示范推广单位为南皮县政府。该县位于河北省沧州市南部，处于暖温带半湿润大陆季风气候区，受季风环流控制，冬季寒冷少雪，春季干燥多风，夏季炎热，秋季以晴为主。南皮县是"渤海粮仓科技示范工程"的发源地，该区域淡水资源匮乏、土壤贫瘠盐碱，粮食生产能力受到制约，有待开发土地22万亩。

2. 主要技术内容

基于提出的冬季储水灌溉、春季抗旱灌溉和夏季应急灌溉的适水灌溉制度的关键性成果，集成以可利用农业水资源为基础的适合该区域的微咸水和坑塘集蓄微咸水补灌吨粮技术模式。

3. 组织实施情况与效果

南皮县脱盐中产区位于南皮镇的穆三拨、乌马营镇的双庙五拨连片村、白坊子村，盐碱低产区为乌马营镇的吴家坊村，节水高产区为潞灌乡的芦庄子村和寨子镇的王贡寺；通过三区（盐碱低产区、盐碱中产区和节水高产区）分别带动脱盐中产区的刘八里乡，冯家口镇、大浪淀乡和南皮镇，盐碱低产区的乌马营镇、王寺镇和鲍官屯乡，节水高产区的寨子镇和潞灌乡。最终实现农业增粮节水技术模式辐射南皮县整个县域。

三区小麦总示范面积3万亩，推广面积27万亩。

小麦示范区专家测产，平均亩穗数49.1万穗，穗粒数28.3粒，千粒重42 g，平均亩产（理论产量85%）495.2 kg，对照区平均亩穗数43.8万穗，穗粒数26.9粒，千粒重42 g，平均亩产（理论产量85%）419.9 kg。示范区比对照区亩增产17.9%。

玉米示范区专家测产，平均647.4 kg/亩，对照平均589.8 kg/亩，平均增产9.8%。

三区的核心区年亩节支增收160元，三区的示范区节支增收120元，三区的辐射区亩节支增收80元。总节支增收7 000万元以上。

泊头市增产节水高效种植新技术示范基地建设

1. 成果来源与示范推广单位概况

按照河北省渤海粮仓科技示范工程行动总方案重点示范推广八项技术的相关精神及增粮节水总体目标，结合本市实际，依据沧州渤海粮仓科技示范工程技术手册，沧州市主要实施了《春玉米起垄覆膜侧播技术示范与推广》《夏玉米宽窄行单双株增密高产种植技术示范与推广》《冬小麦"六步法"旱作种植技术示范与推广》《秸秆还田–深松蓄雨–缓释肥应用等水肥一体化集成应用技术》《抗旱抗耐盐优质丰产小麦新品种示范推广》《小麦缩行增密节水节肥栽培技术示范》《无人机专业化统防统治技术》《地下管渗节水新技术试验示范》等技术。通过这几项技术的示范推广，三年来均收到了较好的经济效益和社会效益。

基地建设与示范推广单位为泊头市政府。该市耕地78万亩，常年农作物播种面积120万亩，水浇地面积45万亩。属于两年三熟或一年两熟耕作区，主要粮食作物为小麦和玉米，亩产量800~1 000 kg。

2. 主要技术内容

①春玉米起垄覆膜侧播技术。采用旋耕起垄覆膜、膜侧沟内播种两行玉米的种植模式，密度5 000株/亩，收获后秸秆薄膜双覆盖可确保冬小麦足墒播种。

②夏玉米宽窄行单双株增密高产种植技术。

③冬小麦"六步法"旱作种植技术。

④秸秆还田–深松蓄雨–缓释肥应用等水肥一体化集成应用技术。

⑤抗旱抗耐盐优质丰产小麦新品种示范推广。

⑥小麦缩行增密节水节肥栽培技术。

⑦无人机专业化统防统治技术。

⑧地下管渗节水新技术。

3. 组织实施情况与效果

在基地建设过程中，泊头市紧密围绕技术依托单位设定的主推技术和技术路线，在泊头市8个产粮乡镇建立了重点辐射区，分别重点进行新技术示范，通过"科技创新驱动、促进增产增效"这一主线，辐射带动周边农户全力参与实施新型实用技术推广应用。在寺门村镇利和农业合作社基地大方内示范了春玉米起垄覆膜侧播技术、玉米宽窄行增密高产种植新技术；建立了小麦、玉米新品种对照田、展示田，通过集成技术实施创建了小麦、玉米千亩高产示范方。在郝村镇綦庄军丰种植专业合作社基地重点实施了小麦百亩高产示范方、夏玉米宽窄行增密高产种植技术示范；在寺门村镇陈安村重点实施了千亩小麦节水抗逆丰产品种石麦18的高产技术示范和小麦玉米雨养旱作技术示范；在王武镇东官道建立了小麦玉米多品种试验田示范田，筛选适宜泊头市的优良品种。辐射区的新技术示范带动了郝村、寺门村、王武镇全镇以及营子镇、交河镇、富镇、齐桥镇等乡镇重点示范村的农民和科技示范户实施、应用新技术。

依托利和合作社、宏叶种植专业合作社、盛强种植专业合作社、蔬宝种植专业合作社等示范主体，农业生产基础设施和生产条件人为改善，农村专业合作组织的管理水平和农民的科技致富技能大为提高，辐射带动能力明显增强，为全市粮食生产良性发展创造了条件。

通过小麦缩行增密节水节肥栽培、春玉米起垄覆膜侧播一穴双株种植、夏玉米宽窄行增密高产栽培、地下管渗节水等7项新技术的集成示范及无人机专业化统防统治配套技术的推广，取得了明显成效。

通过基地建设，进一步完善了泊头市农业技术推广服务体系，建立了沧州农林科学院-泊头市农业局-主体示范合作社-示范区技术员-基地、农户技术骨干的技术服务体系，培养了农业局、示范区（辐射区）负责人成为技术骨干和技术能手一体的专业化技术服务队伍。

经专家组测产统计，3年来全市推广面积88.9万亩（含复种），比对照亩均增产小麦58.64 kg、玉米80.23 kg、节水50 m^3、节本增效150元。合计增产粮食55 836.36万kg、节水4 500万 m^3、节本增效1.35亿元，取得了良好的经济效益、社会效益和生态效益。

黄骅市雨养旱作农业增产技术示范基地建设

1. 成果来源与示范推广单位概况

河北省农林科学院提供谷子、高粱新品种、新技术，沧州市农林科学院提供春玉米起垄覆膜侧播技术、玉米宽窄行种植技术、冬小麦旱作"六步法"技术。

基地建设与示范推广单位为黄骅市政府。该市耕地面积74.06万亩，土壤有机质含量低（平均在1.089%，远低于国家1.5%~2.0%的中等土肥标准），80%为盐碱地。属季风型大陆性气候，四季分明，雨量集中，气候干燥，降水不足，具有春旱、夏涝、秋吊的气候特点。全市农业种植以小麦、玉米和大豆等传统作物为主。

2. 主要技术内容

（1）春玉米起垄覆膜侧播种植技术

施足底肥，土旋耕时施玉米配方肥40 kg/亩、硫酸锌肥1.0 kg/亩。精细整地，采用旋耕+深松方式，翻后及时耙地，耙深15 cm以上，达到土壤细碎，地面平整，土壤疏松，表面有一层细土覆盖。选择抗旱耐密丰产的玉米品种，郑单958系列，采用包衣种子。适期足墒播种，一般于4月下旬至5月中下旬降雨后播种。播种，整地后起垄，垄底宽70 cm，垄距40 cm，垄上覆膜，玉米播种在薄膜两侧沟内，行距40 cm，株距24 cm，播种密度为5 000株/亩，播深3~5 cm。田间管理，播后苗前垄沟进行土壤封闭，每亩用阿特拉津、乙草胺各100 g对水60 kg均匀喷雾；玉米大喇叭口期喷施金得乐化控。玉米生长期间防治好地下、地上害虫。采用机械收获，玉米完熟后收获，玉米收获后，保留所覆盖的地膜，将玉米秸秆割倒后整体覆盖于地面，蓄雨保墒，适期播种冬小麦。

（2）玉米宽窄行增密高产种植技术

选用郑单958等优质耐密高产矮秆品种。精细整地，每3年深松一次，深度40 cm以上。施足底肥，底施有机肥1 500 kg/亩，测土配方施肥40~50 kg/亩。采用宽窄行种植模式，宽行70 cm，窄行40 cm，株距24 cm，每穴1株；设计播种密度为5 000株/亩。播后镇压，在玉米7~9片叶时，及时进行化控处理。并在大喇叭口期，亩追施尿素15~20 kg，追施或喷施，大喇叭口期除治玉米螟，完熟期机械收获。配套技术：深松（深度40 cm以上），秸秆还田。

（3）冬小麦旱作"六步法"技术示范推广

选用抗旱耐盐丰产小麦新品种，如沧麦6001、冀麦32、沧麦6002和沧麦6005等。重施基肥，每亩底施有机肥1 000~1 500 kg，复合肥30~50 kg，保证全生育期小麦营养需求。缩行增密，将小麦行距由传统的大行距改为17~20 cm的小行距，在小麦播种期内亩播量5.75~15 kg。精细播种，小麦播期以日均气温16~18℃、在10月1日前后，如墒情适宜，一定抢墒播种。播深3～5 cm，均匀一致。重度镇压，改传统轻度镇压为播后、冬前、春季重度镇压，防止跑墒漏墒。及时中耕、除草、防治病虫害，田间杂草，用10%苯黄隆（巨星）可湿性粉剂喷雾防治阔叶类杂草；3%世玛油悬剂喷雾防治禾本科恶性杂草；杂草严重地块进行人工拔除。

（4）高粱新品种高效种植技术

选择冀糯2号、红糯13等新品种，高粱底肥施用每亩施优质腐熟农家肥，测土配方肥30 kg以上。播期：4月中旬至6月中旬，夏播播期越早越好。播种量一般在0.5～1 kg/亩，高粱机械化条播，行距60 cm，株距20～25 cm，亩留苗4 500～5 500株。或采用机械点播的方法，可省去开苗的工序，既省工又节种。播深控制在3 cm左右，播后及时镇压。追肥：高粱苗期生长缓慢，施肥应以速效性氮素肥料，追施或喷施。定苗后，及时进行人工或机械中耕，一是保墒防旱，二是防除田间杂草，对缺肥地块亩追施一次速效氮肥，施肥量7.5～10 kg/亩，注意病虫害防治，高粱灌浆后期，80%的高粱籽粒由白色转为红褐色时可以采，收割后及时脱粒晒干。

（5）谷子轻简化高效生产技术

选择冀谷36、冀谷38、沧谷5等谷子品种。每亩底施有机肥，同时施测土配方肥50 kg以上。雨后播种，保证墒情适宜。麦茬地人工灭除杂草后，进行免耕播种。夏播适宜播期6月15—30日，一年单季种植适宜播种期5月1日—6月20日。采用普通谷子播种机播种，亩播种量0.8～1.0 kg。间苗除草。播种后、出苗前，于地表均匀喷施配套的"谷友"100 g/亩，对水不少于50 kg/亩。注意要在无风的晴天均匀喷施，不漏喷、不重喷。谷苗生长至3～5叶时，根据苗情喷施配套的"壮谷灵"80～100 mL/亩，对水30～40 kg/亩。如果因墒情等原因导致出苗不均匀时，苗少的部分则不喷"壮谷灵"。注意要在晴朗无风、12 h内无雨的条件下喷施，拿扑净兼有除草作用，垄内和垄背都要均匀喷施，并确保不使药剂飘散到其他谷田或其他作物。喷施间苗剂后10 d左右，杂草和多余谷苗逐渐萎蔫死亡，留苗大体达到需要的密度。采用谷子精播机播种，每亩播0.2～0.4 kg，不用使用间苗剂。中耕追肥。在谷苗9～11片叶，采用中耕施肥一体机进行中耕、施肥和培土，一次完成，亩追施尿素20 kg左右，追施或喷施。注意防治蚜虫、粘虫、谷瘟病、红叶病等常见病虫害。收获，采用谷物联合收割机改装适合谷子收获的联合收割机进行收获，在蜡熟末期或完熟初期收获。

3. 组织实施情况与效果

黄骅市是渤海粮仓项目雨养旱作区重点示范县，2014—2017年累计实施面积247.2万亩，建立二科牛村、狼虎庄等多个示范基地，重点推广包括春玉米起垄覆膜侧播技术、玉米宽窄行种植技术、冬小麦旱作"六步法"、谷子轻简化高效栽培技术、高粱高效栽培技术、测土配方施肥、小麦保护性耕作等技术。示范推广以千亩示范方和万亩辐射区建设为推广平台，以沧州市农科院渤海粮仓科技示范项目创新团队为技术支持，以粮食专业种植合作社、农机合作社、种植大户为技术推广载体，协调联动，建立建全技术培训、科技服务、农机服务、信息服务等技术示范推广服务体系。

2014年小麦、玉米等作物示范辐射面积22.5万亩，增产0.12亿kg；2015年小麦、玉米等作物示范辐射面积39.33万亩，增产0.405亿kg；2016年小麦、玉米等作物示范辐射面积85.2万亩，增产0.99亿kg；2017年小麦、玉米等作物示范辐射面积100万亩，增产0.665亿kg。通过雨养旱作增产增效技术的示范推广，为黄骅市农业增效、农民增收提供了技术保障，同时为环渤海地区农业可持续发展提供了重要的技术支撑和样板。详见下表。

2014—2017年黄骅市渤海粮仓示范推广统计

年度	总面积（万亩）	总增产（亿kg）	总增产（万t）	总产（万t）	示范面积（万亩）	总增产（万t）	总产（万t）	辐射面积（万亩）	总增产（万t）	总产（万t）	培训次数	培训人次	观摩会次数	观摩会人数
2017	100.16	0.667	6.67	35.86	20.16	1.93	9.2	80	4.74	26.66	105	850	3	300
2016	85.22	0.993	9.93	34.80	20.22	2.45	9.87	65	7.48	24.93	30	858	4	400
2015	39.33	0.404	4.04	14.09	3.33	0.38	1.52	36	3.66	12.57	21	788	5	500
2014	22.48	0.121 3	1.213	8.14	2.48	0.155	1.02	20	1.058	7.12	41	1 028	4	400
合计	247.19	2.185 3	21.853	92.89	46.19	4.915	21.61	201	16.938	71.28	197	3 524	16	1 600

宁晋县小麦玉米微灌水肥一体化技术示范基地建设

1. 成果来源与示范推广单位概况

小麦玉米微灌水肥一体化技术来源于河北省农林科学院。针对宁晋县的气候自然条件、栽培管理水平、人力资源、土壤条件、生态影响等情况，制定了小麦玉米微灌水肥一体化技术示范与推广技术。主要技术是节水灌溉和肥水一体化。

基地建设与示范推广单位为宁晋县政府。该县位于河北省中南部，地势低洼，耕地面积 98.7 万亩。处于暖温带大陆性气候区，属于半湿润气候。年平均气温 13℃，年平均降水 501 mm 且年内分配不均，年际变化大。主要农作物小麦和玉米。

2. 主要技术内容

（1）小麦微灌水肥一体化技术

选用高产节水、抗逆生广的小麦品种，如冀麦 585、婴泊 700、中麦 155、藁优 2018、石优 20 等。种子处理，采用吡虫啉种衣剂拌种防治地下害虫及小麦蚜虫，同时配用戊唑醇、苯醚甲环唑等杀菌剂拌种，预防小麦病害。整地播种，玉米机械收获以后，粉碎秸秆 1 遍，确保还田质量，旋耕机整地 1～2 遍，深度达到 15 cm，每 3 年深松一次。窄行等距播种，平均行距 15 cm（一个 1.8 m 的播幅中间可留 1 个 20 cm 的宽行距，用于铺设微喷带），播深 3～5 cm。适当推迟播期 3～5 d，宁晋县适宜播期在 10 月 7—12 日播种，播量为 12～14 kg/亩，整地质量较差的适当增加播量 10%。播后 1～3 d 墒情适宜时进行镇压。平衡施肥，推荐采用测土配方施肥技术确定施肥总量，一般地块底肥纯养分总量为纯氮 6～7 kg/亩，五氧化二磷 5～6 kg/亩，氧化钾 1～2 kg/亩，例如采用养分含量为 42% 的配方复合肥（19-18-5），用量 35 kg/亩。冬前管理，出苗质量较差的地块播后 5～7 d 采用微喷浇水，灌水量 10 m³/亩，保障一播全苗。夏季降水量偏少的年份且小麦播后干旱少雨时采用微喷浇好冻水，水量 15～20 m³/亩。夏季降水量大苗情好的地块播后到冬前不浇水。春季水肥管理，一般年份小麦拔节初期（4 月 5—10 日）灌水追肥，干旱年份或群体不足的麦田提早到起身期（3 月 25 日—4 月 5 日）；采用微喷水肥一体化灌溉追肥，浇水量 20 m³/亩；抽穗期灌第 2 水，水量为 20～30 m³/亩；开花后 15～20 d 浇灌浆水，水量 15～20 m³/亩。一般年份春季灌水总量 70 m³/亩，干旱年份灌水总量 80 m³/亩。水肥一体化追肥方案应以测土配方施肥为原则。对于多数土壤肥力较高的地块，施肥方案为随拔节水追尿素 10 kg/亩，硫酸钾 2.5 kg/亩；随抽穗水追尿素 5 kg/亩，硫酸钾 2.5 kg/亩，灌浆水不追肥，对于高钾地块可以只追尿素，不追钾肥。对于缺磷地块可以追施溶解性好的氮磷钾复合肥，例如采用养分配方为（25-10-5）的配方肥，随拔节水追施 17.5 kg/亩，随抽穗水追施

7.5 kg/亩。病虫草害防治，采用春草秋治技术防治麦田杂草，注意及时防治小麦根腐病、赤霉病、全蚀病、蚜虫、吸浆虫等病虫害，灌浆期搞好一喷综防。

（2）玉米微灌水肥一体化技术

选用高产、耐密、抗逆性广、适应性强的玉米新品种，如郑单958、冀丰223、伟科702等。选用优质包衣单粒精播玉米种，种子发芽率达到95%以上。科学施肥，采用测土配方施肥技术确定施肥总量，一般地块底肥纯养分总量为纯氮4～5 kg/亩，五氧化二磷1～2 kg/亩，氧化钾2～3 kg/亩，例如采用养分含量45%的配方复合肥（25-8-12）20 kg/亩。种肥同播，保证肥料与种子5 cm间隔。播种技术，采用带有联动轴的勺轮式单粒播种机播种，行距60 cm，严格控制播种速度4～5km/h（以人中速步行速度为标准），播深3～5 cm。采用水肥一体化技术通过中后期追肥，解决了玉米的追肥难、后期脱肥的问题，为合理增密奠定了基础。只有通过提高播种密度，才能够充分发挥出水肥一体化增产效果。播种密度应比一般地块增加800～1 000株/亩。如耐密品种郑单958播种密度4 800～5 200株，伟科702、冀丰223播种密度4 500～4 800株/亩，土壤肥力高的取上限，肥力低的取下限。小麦收获后抢时早播，播后24 h内保障浇水。水肥管理，播后采用微灌方式抢浇出苗水，灌水量20 m³/亩，同时增施硫酸钾5 kg/亩、硫酸锌1 kg/亩；大喇叭口期采用微灌水肥一体化技术管理，灌水量一般10～30 m³/亩，随灌水喷施尿素15 kg/亩，同时增施硫酸钾5 kg/亩；吐丝期采用微喷追尿素5 kg/亩，作为攻粒肥，灌水量10 m³/亩；一般年份灌水总量40～50 m³/亩，干旱年份灌水总量70～90 m³/亩；追肥总量为尿素20 kg/亩，硫酸钾10 kg/亩。化控技术；玉米约9个可见叶期，用金得乐、玉黄金等生长调节剂进行叶面喷施，控制株高，降低穗位、提高玉米抗倒伏能力。适时晚收，玉米每推迟一天收获可增产5～6 kg/亩，宁晋县夏玉米区应推迟到10月3—7日收获。病虫草害防治，注意及时清除田间杂草，苗期注意防治蓟马、灰飞虱、二点委夜蛾，中后期注意防治玉米螟等虫害。

3. 组织实施情况与效果

实施地点位于河北省宁晋县。在宁晋县贾家口镇黄儿营东村建设一个百亩核心区100亩、换马店镇米家庄设一个百亩核心方150亩，共2个百亩核心方，面积250亩。在贾家口镇黄儿营东村建设一个千亩示范区，面积2 000亩。在贾家口镇贾家口村、小刘村、大营上、白木、黄儿营西村、延白村建设一个万亩示范片，面积12 000亩。在耿庄桥、东汪、侯口、贾家口、纪昌庄、四芝兰等乡镇建设宁晋县东北部辐射推广区一个，规模达到25万亩以上。

百亩核心区小麦亩产628.7 kg，玉米亩产760.7 kg，与对照增产235.8 kg，节水102 m³/亩，总计节水2.55万 m³。千亩示范方小麦亩产628.7 kg，玉米亩产734.9 kg，与对照增产210 kg，节水102 m³/亩，总计节水20.4万 m³。万亩示范片小麦亩产628.7 kg，玉米亩产703.5 kg，与对照增产178.6 kg，节水102 m³/亩，总计节水122.4万 m³。节约电费30元/亩，节约用工成本70元/亩，节约肥料成本30元/亩，实现亩节支130元。

威县示范基地建设

（一）威县不同饲草作物种植技术示范基地建设

1. 成果来源与示范推广单位概况

围绕河北省渤海粮仓科技示范工程"节水、增粮"总体目标，以河北省农林科学院棉花研究所为技术依托单位，结合威县牧业蓬勃兴起的现状，在威县实施了不同饲草作物种植技术示范与推广。河北艾禾农业科技有限公司成立于2014年10月，是专业的青贮玉米、苜蓿、燕麦供应商、生态循环农业的倡导者，在威县流转土地11 000亩。2015年1—2月，组建示范推广技术团队，开展课题前期的准备工作，制订了示范推广核心示范方案、技术路线和任务分工等。

基地建设与示范推广单位为威县政府。该县位于河北省南部黑龙港流域，耕地114万亩。威县处于暖温带大陆性半干旱季风气候，四季分明。2014年君乐宝5个万头奶牛场投资落户威县，现已建成两个万头牛场，第三个牧场正在建设中。5个万头牛场至少需配置10万亩土地种植青贮饲料，威县政府为了让农牧业可持续发展，2015年招商引资河北艾禾农业科技有限公司进行投资，河北艾禾农业科技有限公司是一家专门种植青贮饲料公司。

2. 主要技术内容

（1）种植技术集成模式

以高产节水为目标，通过技术集成，形成苜蓿、青贮燕麦、青贮玉米种植技术规程。

（2）节水灌溉技术

通过示范推广的实施，安装大型喷灌设施，合理科学的灌溉，不仅方便省工，而且高效节水。

（3）青贮苜蓿栽培技术要点

品种选用加拿大WL363HQ播种，在每年3月下旬或9月上旬播种，条播量为1.5 kg/亩。播种深度以1～2 cm为宜。田间管理，整地时施足底肥，有机肥3 000～3 500 kg/亩，磷酸一铵40 kg/亩，氯化钾10～20 kg/亩，适时追肥。出秒后浇1次水，入冬前封冻水，反青期浇1次水。在每茬收割后浇1次水。苜蓿耐旱怕涝，出现24～35 h的积水，会造成苜蓿根系大量死亡。及时防治花叶病、锈病、白粉病、蚜虫、蓟马、甜菜叶蛾等病虫害。当年刈割3～4次，第1茬苜蓿以现蕾盛期至始花期收割最佳；第1次刈割后，每隔30～35 d收割一次；最后一次刈割应在9月末前进行，留有30～40 d的生长时间，有利于越冬和第2年高产；刈割留茬4～5 cm，越冬前最后一次刈割留茬 7～8 cm；当年种植苜蓿，植株达不到留茬高度时不刈割。冬季严禁放牧。

（4）青贮燕麦栽培技术

播种准备，整地要求土地平坦，上虚下实。亩施农家肥 1 000 kg 以上，复合肥 20 kg/亩做种肥。在 3 月初，亩播量 10～12 kg，行距 12.5 cm，播种深度 3～4 cm。田间管理，在拔节期追施尿素 10 kg/亩；如果拔节后到抽穗期有缺肥症状现象，追施尿素 10 kg/亩。在出苗后和拔节期各浇一次水。病虫害主要防治锈病、蚜虫和黏虫。在乳熟期至腊熟期进行青贮刈割收获。

（5）青贮玉米栽培技术

选用登海 6702、京科青贮 516、桂青贮等品种。播种时间，夏玉米在 6 月底播种，春玉米在 3 月底播种，种植密度一般在 5 500 株左右，行距 60 cm。田间管理，亩施 40 kg 复合肥作底肥，出苗后浇青苗一次，在拔节期至乳熟期，浇第二水。病虫害防治，重点防治大斑病、小斑病、丝黑穗病、粘虫和玉米螟。在含水量在 61%～68% 时（半乳期至 1/4 乳线阶段）进行青贮刈割收获。

3. 组织实施情况与效果

示范推广基地位于威县赵村乡的寺庄、中南寺庄、后南寺庄、范庄、前赵村、后赵村和中赵村。建设 1 个千亩核心区，其中苜蓿种植 500 亩；青贮燕麦-玉米 500 亩。建设 1 个万亩示范区，其中种植苜蓿 1 000 亩，种植青贮燕麦-玉米 1 000 亩；青贮春玉米-夏玉米 3 000 亩；种植春玉米 3 000 亩；种植春玉米-苜蓿 2 000 亩。

青贮燕麦-青贮玉米轮作种植，专家测产千亩核心区产量 2.15 t/亩，辐射区亩产区 1.69 t/亩，实际收割青贮燕麦 3.1 t/亩，夏青贮玉米亩产量达到 3.9 t。（春）青贮玉米（一年一茬）亩产量达到 4.1 t。

（春）青贮玉米-（夏）青贮玉米轮作种植，（春）青贮玉米亩产量达到 3.8 t，（夏）青贮玉米亩产量达到 3.6 t。

千亩核心区全年收鲜苜蓿 2.19 t/亩，比原计划 2.0 t/亩提高了 9.5%，万亩辐射区收鲜苜蓿 1.96 t/亩，比原计划 1.8 t/亩提高了 8.9%。

示范推广区域通过用喷灌浇水，比洼灌每一次浇水至少节水 50%，喷灌每浇一次水用 25 m³/亩，每个作物生育期需浇水 2～3 次以上，每亩节水 50～75 m³ 以上。

示范推广区域应用大型喷灌设施，合理科学的灌溉方案，实现了省工和高效节水。原种植棉花一年浇水至少两次，每次每亩至少 75 m³，全年亩需水量大约 150 m³。现在苜蓿每亩浇水 4 次，每次每亩约 25 m³，全年亩需水约 100 m³，较棉花亩节水 50 m³ 以上；燕麦-玉米全年浇水 4 次，燕麦、玉米各 2 次，每次每亩约浇水 25 m³，全年亩需水约 100 m³，较棉花亩节水 50 m³ 以上。按 11 000 亩计算，全年可节水 55 万 m³ 以上。

创新研究成果，形成了一套完整的不同饲草种植技术体系，围绕高产节水目标，通过技术集成，起草制定了苜蓿、燕麦、青贮玉米种植技术规程，为今后的基地建设与示范推广打下了良好的技术基础。

县域内技术、成果、产品覆盖率得到有效提升。威县饲料种植主要集中在艾禾农场，大面积土地流转，企业式统一管理。农场围绕奶牛养殖饲草的需要，全部选择种植苜蓿、燕麦和青贮玉米的适宜优良品种，根据当地的水、热资源条件合理地调整播期；以节水的喷灌技术代替了传统畦灌技术；从整地、播种、施肥、病虫草害防治到收获，全部全程机械化管理。

通过示范推广的实施，示范推广区域农民不仅收入有了显著增加，而且生活水平也有了明显提高。示范推广区域农民与种棉花相比（不含土地流转后农民打工收入），亩收入增加600多元。示范推广区域农业收入与种棉化比，亩收入增加350元（不含生产资料减少的投入）。

水分、肥料利用效率得到有效提高。燕麦、玉米、苜蓿种植底肥施用采用机械化种肥同播，避免了撒施与土壤表面造成的挥发流失，及时浇水有利于肥料在土壤中的分解吸收利用，肥料利用率提高了20%，水利用率提高了50%。

在地下水严重超采匮乏情况下，示范区节水喷灌技术具有明显的节水效果，浇灌3次，亩节水75 m³，适于大面积的种植或统一管理的方式应用，而目前以农户为单位的小面积种植规模的形式不适宜采用。比种植棉花亩增加收入350多元。

（二）威县棉改草增产增效技术示范基地建设

1. 示范推广单位概况

围绕河北省渤海粮仓科技示范工程"节水、增粮"总体目标，以河北省农林科学院棉花研究所为技术依托单位，威县在"不同饲草作物种植技术示范基地建设"的基础上，开展了棉改草增产增效技术模式的示范与推广，充分利用当地光、热、水、土等自然资源，建设了青贮苜蓿、青贮燕麦-玉米千亩核心区和万亩青贮苜蓿、青贮燕麦-玉米示范区，同时，辐射2万亩耕地种植青贮玉米，即"企业+农民合作社"饲草种植示范区，企业通过提供生产农资、种植技术等方式支持农民种植饲草，并与农民合作社签订产品收购合同。实现高产、节水目标，为威县牧业发展提供优质、安全、节本的饲草。

基地建设与示范推广单位为威县政府。该县位于河北省南部黑龙港流域，耕地114万亩。威县处于暖温带大陆性半干旱季风气候，四季分明。2014年君乐宝5个万头奶牛场投资落户威县，现已建成两个万头牛场，第三个牧场正在建设中。5个万头牛场至少需配置10万亩土地种植青贮饲料，威县政府为了让农牧业可持续发展，2015年招商引资河北艾禾农业科技有限公司进行投资，河北艾禾农业科技有限公司是一家专门种植青贮饲料公司。

2. 主要技术内容

（1）传统种植技术模式的调整

种管方式的创新：以前是一家一户种植棉花，现在通过土地流转实行了规模经营，从种到收全部是机械化，减少投入。

种植结构的创新：以前示范推广区域农民多种植棉花，现在随着牧业的发展，开始种植不同饲草作物，产业结构进行优化创新，增加农民收入。

（2）科学生产管理的增产技术

建立千亩示范方，种植苜蓿、青贮燕麦-玉米。

建立万亩辐射区，即企业+农民合作社饲草种植示范区，种植青贮玉米。

（3）先进科学的节水灌溉技术

通过示范推广的实施，安装大型喷灌设施，合理科学的灌溉，方便省工，高效节水。

（4）青贮苜蓿栽培技术

品种选用加拿大 WL363HQ。在 9 月下旬播种次年 3 月下旬播种，形成苜蓿种植园区。条播量为 1.5 kg/亩。播种深度以 1～2 cm 为宜。田间管理，整地时施足底肥，有机肥 3 000～3 500 kg/亩，磷酸一铵 40 kg/亩，氯化钾 10～20 kg/亩，适时追肥。出秒后浇 1 次水，入冬前封冻水，反青期浇 1 次水。在每茬收割后浇 1 次水。苜蓿耐旱怕涝，出现 24～35 h 的积水，会造成苜蓿根系大量死亡。及时病虫害防治，主要是花叶病、锈病、白粉病、蚜虫、蓟马、甜菜叶蛾等病虫害。当年刈割 3～4 次，第 1 茬苜蓿以现蕾盛期至始花期收割最佳；第 1 次刈割后，每隔 30～35 d 收割一次；最后一次刈割应在 9 月末前进行，留有 30～40 d 的生长时间，有利于越冬和第 2 年高产。刈割留茬 4～5 cm，越冬前最后一次刈割留茬 7～8 cm。当年种植苜蓿，植株达不到留茬高度时不刈割。冬季严禁放牧。

（5）青贮燕麦栽培技术

品种选用丹燕 111、加拿大贝勒等。播种准备，整地要求土地平坦，上虚下实。亩施农家肥 1 000 kg 以上，复合肥 20 kg/亩做种肥。在 3 月初，亩播量 10～12 kg，行距 12.5 cm，播种深度 3～4 cm。田间管理，在拔节期追施尿素 10 kg/亩。如果拔节后到抽穗期有缺肥症状现象，追施尿素 10 kg/亩。在出苗后和拔节期各浇一次水。主要防治锈病、蚜虫和黏虫等病虫害。青贮在乳熟期至腊熟期刈割收获。

（6）青贮玉米栽培技术

选用登海 6702、京科青贮 516、豫青贮 23 等品种。播种时间，在 6 月底播种，种植密度一般在 5 500 株左右，行距 60 cm。田间管理，亩施 40 kg 复合肥作底肥，出苗后浇青苗一次，在拔节期至乳熟期，浇第二水。重点防治大斑病、小斑病、丝黑穗病、粘虫和玉米螟等病虫害。在含水量在 61%～68% 时（半乳期至 1/4 乳线阶段）刈割收获。

3. 组织实施情况与效果

示范推广基地位于威县赵村乡的寺庄、中南寺庄、后南寺庄、范庄、前赵村、后赵村和中赵村。建设 1 个千亩核心区，其中苜蓿种植 500 亩；青贮燕麦-玉米 500 亩。建设 1 个万亩示范区，其中苜蓿种植 3 000 亩；青贮燕麦-玉米 7 000 亩。建设 1 个 20 000 亩青贮玉米万亩辐射区。

专家测产，青贮燕麦千亩核心区亩产量 3.06 t，万亩辐射区亩产 2.69 t；青贮玉米千亩核心区亩产量 3.68 t，万亩辐射区亩产量 3.38 t；鲜苜蓿核心区亩产 4.48 t，万亩辐射区亩产 4.04 t。示范推广区域通过使用喷灌，比畦灌每一次浇水至少节省 50%，喷灌每浇一次水用 25 m³/亩，每个生育期浇水 2～3 次，每亩节水 50～75 m³。

示范推广基地的种管方式得到创新，以前是一家一户种植棉花，现在通过土地流转实行了规模经营，从种到收全部是机械化，减少投入。种植结构同样得到创新，以前示范推广区域农民多种植棉花，现在随着牧业的发展，开始种植不同饲草作物，产业结构进行优化创新，增加农民收入。

（三）威县饲用青贮玉米–燕麦种植技术示范基地建设

1. 成果来源与示范推广单位概况

威县农作物种植主要是棉花，近年来，由于棉花市场不景气，棉农植棉积极性下降，农作物类调整势在必行。君乐宝万亩牧场落户威县，牧场年需要 4 万亩青贮饲草。威县洪阔农作物种植专业合作抓住这一机遇，与君乐宝牧场签订了《牧草收购协议》，流转土地 1 万亩耕地种植饲草。渤海粮仓项目实施后，通过建设青贮燕麦–玉米千亩核心区和万亩青贮燕麦–玉米示范区，实现"节水、增粮"之目标，从而促进威县农牧业健康发展。

基地建设与示范推广单位为威县政府。该县位于河北省南部黑龙港流域，耕地 114 万亩。威县处于暖温带大陆性半干旱季风气候，四季分明。2014 年君乐宝 5 个万头奶牛场投资落户威县，现已建成两个万头牛场，第三个牧场正在建设中。5 个万头牛场至少需配置 10 万亩土地种植青贮饲料，威县政府为了让农牧业可持续发展，2015 年招商引资河北艾禾农业科技有限公司进行投资，河北艾禾农业科技有限公司是一家专门种植青贮饲料公司。

2. 主要技术内容

（1）调整传统种植技术模式，采用科学生产管理的增产技术
建设百亩核心区，示范推广开展青贮燕麦–玉米复种技术栽培模式。建设千亩示范方，开展青贮燕麦–玉米复种技术栽培模式示范。建设万亩示范区，开展青贮燕麦–玉米复种技术栽培模式示范与推广。建设 3 万亩辐射区，即合作社+农户饲草种植辐射区，合作社通过提供种植技术、回收青贮燕麦、玉米等方式支持农民种植饲草。

（2）科学的节水灌溉技术
通过示范推广的实施，安装大型喷灌设施，合理科学的灌溉，方便省工，高效节水。

（3）燕麦栽培技术
品种选用张莜 7 号、甜丹燕 111、加拿大贝勒等。

种子处理：播前要进行种子清选，充分晾晒，杀死种子表面的病菌，以提高种子生活力和发芽率。用高巧 600 g/ mL 悬浮种衣剂（有效成分为吡虫啉）和立克秀 60 g/ mL 悬浮种衣剂（有效成分为戊唑醇）进行拌种，预防坚黑穗病和红叶病，具体用量为高巧 120 mL（商品量）+立克秀 42 mL（商品量）拌 100 kg 种子。

整地施肥：整地应做到深耕、细耙、镇压，形成松软细绵、上虚下实的土壤条件；深施复合肥 35 kg 作为基肥。

播种：早春土壤解冻 10 cm 左右时，即可播种。适宜播期在 3 月 15 日左右，条播行距 20 cm，深度 3 cm 左右，亩播量 10 kg。深浅一致，播种均匀，播后镇压使土壤和种子密切结合，防止漏风闪芽。

关键水肥管理：在三叶期、五至六叶期和开花期及时浇水，是燕麦丰产的保证。结合三叶期第一次亩浇水 30 m^3，每亩追施尿素 5～8 kg；在五至六叶期，如果发现叶片色淡缺肥，可结合灌水每亩追施尿素 2～3 kg。开花灌浆期第二次亩浇水 30 m^3，可用 0.2%～0.3%磷酸二氢钾水溶液，与 5%的尿素溶液混合根外追肥，每亩喷药液 70 kg，7 d 后再复喷一次促进灌浆。同时要在开花后进行根外喷磷肥，以防止后期脱肥，但要轻施少浇以免贪青倒伏和晚熟。

病虫害草害防治：春季干旱低温，燕麦生长缓慢，杂草容易滋生，用 2 甲 4 氯钠可溶粉剂（有效成分 56%）防治一年生阔叶杂草，用量为每亩用 100～120 g，对水 40～50 kg 喷雾除草。拔节以后，随着气温的升高，特别要加强虫害的检查，发现蚜虫，及时扑灭，以防止病害的发生。

（4）青贮玉米栽培技术

选用豫青贮 23、京科青贮 516 等品种。播种时间，在 6 月底播种，种植密度一般在 5 500 株左右，行距 60 cm。田间管理，亩施 40 kg 复合肥作底肥，播种后浇青苗一次，在拔节期至乳熟期，浇第二水。病虫害防治，重点防治大斑病、小斑病、丝黑穗病、粘虫和玉米螟。在含水量在 65%～70%时进行收获。

由于实施规模承包，安装大型喷灌设施，促进喷灌技术的应用，可以有效节约农业灌溉用水，燕麦-玉米全年浇水 4 次，燕麦、玉米各 2 次，每次每亩约浇水 25 m^3，全年亩需水约 100 m^3。

3. 组织实施情况与效果

示范推广基地位于威县赵村乡的西寺庄、东徐庄、西徐庄、南徐庄、北徐庄村。建设 1 000 亩种植青贮燕麦-玉米的千亩示范方和 10 000 亩种植青贮燕麦-玉米的万亩示范区。在威县赵村乡、高公庄乡、七级镇，建立 3 万亩辐射区，即合作社+农户饲草种植辐射区，种植青贮燕麦-青贮玉米 30 000 亩。

通过基地建设示范推广，县域内技术、成果、产品覆盖率得到有效提升。威县饲料种植主要集中在赵村，大面积土地流转，合作社统一管理。合作社围绕奶牛养殖饲草的需要，全部选择种植燕麦和青贮玉米的适宜优良品种，根据当地的水、热资源条件合理地调整播期；以节水的喷灌技术代替了传统畦灌技术；从整地、播种、施肥、病虫草害防治到收获，全部全程机械化管理。

通过示范推广的实施，示范推广区域农民不仅收入有了显著增加，而且生活水平也有了明显提高。示范推广区域农民与种棉花相比（不含土地流转后农民打工收入），亩收入增加 600 多元。示范推广区域农业收入与种棉花比，亩收入增加 350 元（不含生产资料减少的投入）。

基地技术的示范推广促进了示范推广实施单位——威县洪阔农作物种植专业合作社健康发展。通过示范推广的实施，示范推广区域农民熟练掌握牧草种植管理和机械化从种到收的技术。增加了示范推广区域基础设施建设，如安装了自走式喷灌、直立式喷灌，共计安装喷灌面积达到 10 000 亩。

水分、肥料利用效率得到提高。燕麦、玉米种植底肥施用采用机械化种肥同播，避免了撒施与土壤表面造成的挥发流失，及时浇水有利于肥料在土壤中的分解吸收利用，肥料利用率提高了 20%，水利用率提高了 50%。

示范带动了区域增产、节水，在地下水严重超采匮乏情况下，示范区节水喷灌技术具有明显的节水效果，全年浇灌 4 次，亩节水 100 m³，适于大面积的种植或统一管理的方式应用。

南宫市示范基地建设

（一）南宫市棉改粮高效节水技术示范基地建设

1. 成果来源与示范推广单位概况

根据《河北省渤海粮仓科技示范工程行动方案（2014—2017年）》中的主推技术模式之二"两年三熟"棉粮轮作栽培技术模式：技术核心改连作棉田为棉花与"小麦+夏玉米""小麦+夏谷"和"油葵+夏谷"轮作，实现两年三熟、增产增效。适宜范围：冀中南低平原灌溉条件较好的棉田。技术指标：亩产小麦350 kg、玉米450 kg或谷子250 kg，亩节水50 m³。

基地建设与示范推广单位为南宫市政府。该市地处河北省中南部、属黑龙港流域、半干旱地区，气候条件属暖温带大陆性半干旱季风气候区，四季分明，温差较大，春季干旱多风，夏季炎热多雨，秋季晴朗凉爽，冬季寒冷少雪。总耕地面积89万亩，小麦是南宫市的主要粮食作物。

2. 主要技术内容

（1）棉花促早高产简化栽培技术

主体技术总的原则：选用早熟品种，加强前期管理促壮苗早发；深耕松土，改良土壤，增加蓄水，促进根系下扎，提高抗旱能力；扩行增密，扩大行距缩小株距，保证通风透光同时，提高密度；科学化控，简化整枝，减少管理程序；关键隔行灌溉，提高水资源利用率；化学催熟，提高产量品质，尽早收获。

选择生长发育早、吐絮集中、抗病性强、增产潜力大的中早熟品种，如冀科棉1号、新科8号、鲁棉研40等棉花新品种。亩施有机肥1～2 m³或秸秆还田，肥尔得棉花专用复合肥50 kg。适期晚播，播期为4月20—25日，可推迟花蕾期浇水时间及减少烂铃，从而提高产量、品质。使用地膜覆盖，地膜覆盖有增温、保墒提墒、促苗早发、防杂草和抑制土壤盐渍化的作用。种植模式采用等行距配置，行距0.76 m，株距0.13～0.23 m及大小行配置，大行0.9～1.0 m，小行0.45 m，株距0.15～0.23 m，理论密度3 800株/亩，两种种植模式。等行距种植模式适合机械采收，大小行模式适合人工采收模式。简化整枝程序，科学化控，塑造理想株型，化控采用缩节胺，用量采用少量多次原则，遇雨加量遇旱减量；促早开花，早结铃，及时揭膜，揭膜时间在6月20日。抓好关键水，防倒伏和早衰。后期催熟，棉花生长后期，在10月1日喷施乙烯利400 g/亩促进棉铃加快成熟的技术，提高产量和品质。及时进行病虫害防治，化学防治，防、治结合，以防为主，提高防治效果。

（2）冬小麦夏玉米节水灌溉升级改造集成技术

主体技术：针对区域水资源刚性制约，确定增粮目标通过小麦稳产、玉米增产的途径实现，以减少地下水资源开采，充分利用降水资源。基于常年连作棉田水肥条件较差的现状，深松改土，增施有机肥，培肥地力；基于小麦播种偏晚的问题，栽培管理上"前足、中促、后保"；基于棉花播种前土壤空闲状况，夏玉米晚收增重的管理思想，通过标准化的田间灌溉管道升级改造和缩行增密等技术，实现节水、增产的目的。

①小麦节水高产简化栽培技术。推广选用抗旱品种邢麦 6 号、邢麦 7 号。深耕松土，疏松土壤，加厚耕层，改善土壤的水、气、热状况；熟化土壤，改善土壤营养条件，提高土壤的有效肥力；建立良好土壤构造，提高作物产量；消除杂草，防除病虫害。小畦灌溉，每亩 10～12 个畦。畦田规格，畦宽 3 m，畦长 20 m。推迟播期至 10 月 20 日。增加播量，亩播量在 16.5 kg，基本苗 33 万～35 万。全密种植，采用 12 cm 等行距种植形式。重施底肥，总施肥量为 N 14 kg 左右，P_2O_5 8～9 kg，K_2O 3.5～5 kg。施肥方式可采用：缓释肥 100% 底施，春季不再追肥。足墒播种，一般应强调浇底墒水，而且尽可能浇足、浇透，力争达到 60 m³/亩以上，如果播前降水量特大，亦可不浇底墒水。播种后出苗前在表层土壤适宜时，采用机械化镇压，镇压器重量应达到 120 kg/m 以上。春季浇水掌握在拔节期，根据苗情在拔节日期达到后的 5～10 d 进行，底肥施用 80% 氮肥的，可随水追施 20% 氮肥。

②夏玉米高产栽培技术。玉米选择中熟节水、耐密、高产品种，如中科 11 号等良种。施足底肥，亩施磷酸二铵 20 kg 作种肥，肥料与种子分开，防治烧苗。争时早播，一定要争取及早播种。麦收后抢茬夏直播，精量播种。缩行增密，等行距 50 cm，密度 4 200 株/亩。平衡施肥，使用种肥，并视灌水施用苗肥、大喇叭口肥、花粒肥。苗肥促根壮苗；穗肥促穗大粒多；花粒肥增加粒重。科学化控，大喇叭口后期喷洒稀释宝，降低株高，促进籽粒干物质积累，抗逆增重。注意综合防治玉米螟、粘虫、二点委夜蛾、玉米锈病和大小叶斑病等病虫害。

3. 组织实施情况与效果

在南宫市棉花原种场建立 1 个 400 亩百亩核心区。在南宫市棉花原种场（南宫市冀科棉粮种植专业合作社）、寺旺村、马旺村、宋旺村、西赵守寨村建立 1 个 2 130 亩的千亩示范方。在南宫市棉花原种场以及王道寨乡及周边乡镇寺旺村、马旺村、宋旺村、西赵守寨、刘庄村、东赵守寨等村建设 1 个 21 100 亩的万亩辐射区。

通过小麦晚播，节省了越冬水 50 m³/亩，通过管网改造、小白龙输水、小畦灌溉及农艺措施节水 15 m³/亩。共计节水 65 m³/亩

通过深松蓄水结合地膜保墒使蕾期浇水推迟 20 d 以上，和蕾铃水合二为一，节省了蕾期浇水，节水 40 m³/亩，通过管网改造、小白龙输水、小畦灌溉及农艺措施节水 15 m³/亩。共计节水 55 m³/亩。示范推广区产量分析见下表。

示范推广区产量分析

作物	项目	实际亩产（kg）	比目标任务增产（kg）
小麦	百亩核心区	526.6	126.6
	千亩示范方	472.0	72.0
	万亩辐射区	439.2	69.2
棉花	百亩核心区	137.25	42.25
	千亩示范方	123.74	33.74
	万亩辐射区	109.36	21.36
玉米	百亩核心区	706.7	206.7
	千亩示范方	642.0	162.0
	万亩辐射区	637.0	177.0

（二）南宫市棉粮轮作简化高效栽培技术示范基地建设

1. 成果来源与示范推广单位概况

该技术根据《河北省渤海粮仓科技示范工程行动方案（2014—2017 年）》中的主推技术模式之二"两年三熟"棉粮轮作栽培技术模式：技术核心改连作棉田为棉花与"小麦+夏玉米""小麦+夏谷"和"油葵+夏谷"轮作，实现两年三熟、增产增效。适宜范围：冀中南低平原灌溉条件较好的棉田。技术指标：亩产小麦 350 kg、玉米 450 kg 或谷子 250 kg，亩节水 50 m³。

基地建设与示范推广单位为南宫市政府。该市地处河北省中南部、属黑龙港流域、半干旱地区，气候条件属暖温带大陆性半干旱季风气候区，四季分明，温差较大，春季干旱多风，夏季炎热多雨，秋季晴朗凉爽，冬季寒冷少雪。总耕地面积 89 万亩，小麦是南宫市的主要粮食作物。

2. 主要技术内容

（1）棉花促早高产简化栽培技术

主体技术总的原则：是选用早熟品种，加强前期管理促壮苗早发；深耕松土，改良土壤，增加蓄水，促进根系下扎，提高抗旱能力；扩行增密，扩大行距缩小株距，保证通风透光同时，提高密度；科学化控，简化整枝，减少管理程序；关键隔行灌溉，提高水资源利用率；化学催熟，提高产量品质，尽早收获。

选择生长发育早、吐絮集中、抗病性强、增产潜力大的中早熟品种，如冀科棉 1 号、鲁棉研 40 等棉花新品种。施足基肥，亩施有机肥 1～2 m³ 或秸秆还田，肥尔得棉花专用复合肥 50 kg。适时播种，适期晚播，播期为 4 月 20—25 日，可推迟花蕾期浇水时间及减少烂铃，从而提高产量、品质。实施地膜覆盖，地膜覆盖有增温、保墒提墒、促苗早发、防杂草和抑制土壤盐渍化的作用。种植模式采用等行距配置，行距 0.76 m，株距 0.13～0.23 m 及大小行配置，大行 0.9～1.0 m，小行 0.45 m，株距 0.15～0.23 m，理论密度 3 800 株/亩，两种种植模式，等行距种植模式适合机械采收，大小行模式适合人工采收模式。简化整枝程序，科学化控，塑造理想株型，化控采用缩节胺，用量采用少量多次原则，遇雨加量遇旱减量；促早开花，早结铃，及时揭膜，揭膜时间在 6 月 20 日。抓好关键水，防倒伏和早衰。后期催熟，棉花生长后期，在 10 月 1 日喷施乙烯利 400 g/亩促进棉铃加快成熟的技术，提高产量和品质。及时进行病虫害防治，化学防治，防、治结合，以防为主，提高防治效果。

（2）冬小麦夏玉米/谷子节水灌溉升级改造集成技术

主体技术：针对区域水资源刚性制约，确定增粮目标通过小麦稳产、玉米增产的途径实现，以减少地下水资源开采，充分利用降水资源。基于常年连作棉田水肥条件较差的现状，深松改土，增施有机肥，培肥地力；基于小麦播种偏晚的问题，栽培管理上"前足、中促、后保"；基于棉花播种前土壤空闲状况，夏玉米晚收增重的管理思想，通过标准化的田间灌溉管道升级改造和缩行增密等技术，实现节水、增产的目的。

① 小麦节水高产简化栽培技术。选用抗旱品种邢麦 7 号。深耕松土，疏松土壤，加厚耕层，改善土壤的水、气、热状况；熟化土壤，改善土壤营养条件，提高土壤的有效肥力；建立良好土壤构造，提高作物产量；消除杂草，防除病虫害。小畦灌溉，每亩 10～12 个畦。畦田规格，畦宽 3 m，畦长 20 m。推迟播期至 10 月 20 日。增加播量，亩播量在 16.5 kg，基本苗 33 万～35 万。全密种植，采用 12 cm 等行距种植形式。重施底肥，总施肥量为 N 14 kg 左右，P_2O_5 8～9 kg，K_2O 3.5～5 kg。施肥可采用缓释肥 100% 底施，春季不再追肥。足墒播种，一般应强调浇底墒水，而且尽可能浇足、浇透，力争达到 60 m³/亩以上，如果播前降水量特大，亦可不浇底墒水。播种后出苗前在表层土壤适宜时，采用机械化镇压，镇压器重量应达到 120 kg/m 以上。春季浇水掌握在拔节期，根据苗情在拔节日期达到后的 5～10 d 进行，底肥施用 80% 氮肥的，可随水追施 20% 氮肥。

②夏玉米高产栽培技术。玉米选择中熟节水、耐密、高产品种，中科 11 号、联创 808、邢玉 11 号等良种。施足底肥，亩施磷酸二铵 20 kg 作种肥，肥料与种子分开，防治烧苗。争时早播，一定要争取及早播种。麦收后抢茬夏直播，精量播种。缩行增密，等行距 50 cm，密度 4 200 株/亩。平衡施肥，使用种肥，并视灌水施用苗肥、大喇叭口肥、花粒肥。苗肥促根壮苗；穗肥促穗大粒多；花粒肥增加粒重。科学化控，大喇叭口后期喷洒稀释宝，降低株高，促进籽粒干物质积累，抗逆增重。注意综合防治玉米螟、粘虫、二点委夜蛾、玉米锈病和大小叶斑病等病虫害。

③ 谷子轻简化高效栽培技术。谷子选择节水、抗倒伏、高产品种如冀科谷 29。科学施肥，施复合肥 450 kg/hm² 作基肥；抽穗前 10～15 d，追施尿素 225～300 kg/hm²。适时播种，6 月 15—20 日播种，争取一播全苗。早定苗，幼苗 4～6 片叶时，二次间、

定苗，确保密度每公顷 75 万株左右。勤锄地，苗期多锄，灭草保墒。防虫害，苗期防地老虎、红蜘蛛；抽穗前防治棉尖象甲、钻心虫；灌浆期防治粟穗螟、粟缘蝽等害虫。选用复配高效氯氰菊酯、氟虫氰、阿维菌素防治虫害。

3. 组织实施情况与效果

基地在南宫市棉花原种场建立 1 个 430 亩百亩核心区。在南宫市棉花原种场（南宫市冀科棉粮种植专业合作社）、宋旺村、大关村、西演庄、东演庄村、寺旺村、马旺村建立 2 个千亩示范方，面积 3 650 亩。在南宫市棉花原种场、寺旺村、马旺村、宋旺村、西赵守寨、刘庄村、东赵守寨。辐射区面积 252 400 亩，地点王道寨乡、北胡办事处、大屯乡、大高村镇、明化镇、垂杨镇等建立 1 个 15 200 亩万亩辐射区。

小麦一般播期在 10 月 10 日左右，通过晚播将播期推迟至 10 月 25 日左右，小麦冬前底墒水与越冬水合二为一，节省了越冬水 50 m^3/亩；通过地下管道与小白龙输水相结合，减少输水过程中的资源浪费，和小畦灌溉，由 65 m^3/亩/次降至 60 m^3/亩/次，可节水 5 m^3/亩/次，全生育期按 3 水计算，节水 15 m^3/亩。共计节水 65 m^3/亩。

棉花一般播期在 4 月 10 日左右，通过晚播将播期推迟至 4 月 23 日左右，并结合深松蓄水、地膜覆盖保墒使棉田第二水推迟 20 d 以上，使蕾期浇水与花铃期浇水合二为一，节省了蕾期浇水，亩节水 50 m^3，通过地下管道与小白龙输水相结合，减少输水过程中的损耗，和小畦灌溉由原来 60 m^3/亩/次降至 55 m^3/亩/次，生长过程中按一水计算，节水 5 m^3/亩/次。共计节水 55 m^3/亩。

示范推广区产量分析见下表。

示范推广区产量分析

作物	项目	实际亩产（kg）	比目标任务增产（kg）
小麦	百亩核心区	566.5	66.5
	千亩示范方	517.2	67.2
	万亩辐射区	489.4	89.4
棉花	百亩核心区	125.2	15.2
	千亩示范方	112.9	12.9
	万亩辐射区	103.3	10.3
玉米	百亩核心区	655.2	55.2
	千亩示范方	581.0	31.0
	万亩辐射区	537.7	57.7
谷子	千亩示范方	380.2	120.2
	万亩辐射区	376.1	126.1

枣强县示范基地建设

（一）枣强县粮草兼顾型农业种植模式示范基地建设

1. 成果来源与示范推广单位概况

该技术来源于河北农业大学，围绕渤海粮仓工程"增粮、节水"总体目标要求，利用营养体农业原理，重点实施苜蓿—玉米"一年三收"新型节水高效种植模式、紫花苜蓿雨养旱作种植模式、小麦玉米周年两熟节水高产高效种植模式，建立粮草兼顾型农业种植模式示范推广体系。实现粮食和饲草产量的大幅提升，水肥及光热资源的高效利用，降低地下水的开采及化肥对环境的污染，促进农业结构调整，提高种植业收入，促进农村区域经济发展和渤海粮仓建设。具体技术如下。

（1）**苜蓿—玉米"一年三收"新型节水高效种植模式示范**

依据本地雨热资源对苜蓿、玉米生长的影响，选用耐旱高产紫花苜蓿品种WL354HQ及郑单958或其他清贮型玉米良种，在苜蓿收获两茬后套播玉米，实现草粮同作，豆禾互利同生；通过平衡施肥及关键生育期喷灌补水技术，实现节水减施高效生产提高种植效益。

（2）**紫花苜蓿雨养旱作种植模式示范**

选用耐旱高产紫花苜蓿品种WL354HQ，耦合家畜粪肥及磷钾复合肥配施技术，优化群体密度及植株水平和空间配置，实现非灌溉条件下紫花苜蓿优质高产和资源高效利用。

（3）**小麦玉米周年两熟节水高产高效种植模式示范**

在选用抗旱高产小麦、玉米良种基础上，示范基于节水灌溉技术上小麦适当晚播、玉米适期晚收种植技术，提高种植效益。

该技术基地示范推广单位为枣强县政府。该县地处河北省东南部，是农业大县，总耕地面积91万亩。属于温带半湿润半干旱大陆性季风气候区，夏季高温，降水集中，冬季寒冷干燥，雨雪稀少，秋季有时有连阴雨出现；土壤矿物质养分较为丰富，但有机质、速效氮、磷养分缺乏，易受旱涝、盐碱化威胁。农业以小麦、玉米、棉花、杂粮、甘薯及特种养殖为主，其中小麦、玉米占有相当比重。枣强县地处衡水地下水超采漏斗区，水资源十分匮乏，全县境内没有地上水资源，在枣强推广抗旱节水、稳产增产小麦、玉米高效种植新品种、新技术势在必行。

2. 主要技术内容

（1）**苜蓿—玉米"一年三收"新型节水高效种植技术模式**

选择适于本地生长的抗旱、耐盐、高产苜蓿品种WL354HQ和玉米粮饲兼用品种

5601。深松整地，施足底肥，深松 30 cm，做到地平土碎，亩施家畜粪肥 1 500 kg，磷钾复合肥 50 kg，启动氮肥 5 kg（尿素）。苜蓿于秋季 10 月 1 日之前播种，玉米于 6 月 20 日左右在苜蓿收获第二茬后套播于苜蓿地中。采用宽行窄株密植技术，苜蓿条播，行距 30 cm，亩播 1.5 kg，播深 2 cm；玉米精量穴播于苜蓿行间，行距 60 cm，即每隔两行苜蓿播种一行玉米，株距 20～22 cm。苜蓿分枝期，即水肥敏感期结合补水追施磷钾复合肥 10 kg/亩；示范大喇叭口期稳磷、稳钾、减氮施肥技术，在苜蓿玉米共生第一年玉米大喇叭口期追施磷钾复合肥 15 kg，尿素 25 kg，其后每年尿素用量递减 5 kg。苜蓿单生期可采用提前刈割方式进行防控病虫害，苜蓿玉米共生期时的病虫害以农业和生物技术为主、农药为辅方式防控，所用农药药效要在收获前消失。示范苜蓿早刈玉米晚收技术，苜蓿第一茬现蕾末期刈割，第二茬距头茬 30 d 左右刈割；制作青贮时玉米延至乳线 2/3 时收获，收获籽实则在完熟期收获。玉米残茬留土越冬，于翌年早春苜蓿返青前采用机械灭茬处理。

（2）**紫花苜蓿雨养旱作种植技术模式**

选用抗旱、耐盐、高产适生苜蓿品种 WL354HQ。深松整地，施足底肥：深松 30 cm，做到地平土碎，1 m^2 内>1 cm 土块不多于 10 个；亩施家畜粪肥 1 500 kg，磷钾复合肥 50 kg，启动氮肥 5 kg（尿素）。苜蓿于秋季 10 月 1 日之前播种。条播播种，行距 20 cm，亩播 1.5 kg，播深 2 cm，播后镇压。结合有效降水追施硫酸钾肥 1 次，每亩 15 kg，条施；隔年秋末亩施家畜粪肥 500 kg，撒施。对主要病虫害霜霉病、褐斑病、蓟马、蚜虫等及时防治。第一茬在开花率 10% 之前刈割，其后每隔 35 d 刈割一次，最后一次刈割要在初霜期前 30 d 进行，刈割留茬 5 cm，最后一茬 7 cm。前两茬刈割后就地铺成草垄进行晾晒调制干草，此后各茬刈后进行青贮处理，以促进苜蓿再生。

（3）**小麦玉米周年两熟节水高产高效种植技术模式**

选用抗逆性优良尤其是抗旱性突出的小麦良种观 35 和玉米良种 5601。根据小麦生育期需水规律实施"减次保灌"节水灌溉技术，配合小麦品种的优良节水特性，在春季拔节期和/或开花期灌水 1～2 次，提高小麦水分利用效率。在小麦玉米轮作制上示范小麦适期晚播（播期为 10 月 10 日前后）、玉米适当晚收（推迟至 9 月底前后）的"双晚"光热水资源高效利用技术，在实现小麦高产节水基础上，充分挖掘玉米高产潜力。示范小麦、玉米高质量播种保壮苗匀苗技术，其中，在小麦上示范窄行密植（等行距 15 cm）、基本苗 25 万和播后镇压技术；在玉米上示范麦收后抢种和机械精量播种技术，玉米种植行距为 60 cm，亩密度 4 500 株，青贮利用时密度加大到 5 500～6 000 株。示范小麦、玉米节水基础上的配方施肥和平衡施肥技术，其中，小麦采用限氮、稳磷、补钾、配微技术（底施氮磷钾复合肥 40 kg，复合锌肥 1 kg，另拔节期结合灌水追施尿素 20 kg）；玉米采用底施氮磷钾复合肥和重施大喇叭口肥技术（底施氮磷钾复合肥 30 kg，大喇叭口期追施尿素 35 kg。示范小麦生育后期"一喷综防"技术和小麦玉米全生育期病虫草防治技术。

3. 组织实施情况与效果

根据枣强农业产业规划和产业布局，本着"集中连片、点面结合"的原则，以欣苑公司流转土地为主体，建设示范基地 10 950 亩。主要分布是：一是苜蓿—玉米"一年三收"新型节水高效种植模式：主要分布在沈村村南、西南，示范方面积 5 100 亩，其中精品示范方 1 000 亩；二是紫花苜蓿雨养旱作种植模式：主要分布在回村南、沈村西北，示范方面积 1 050 亩；三是小麦玉米周年两熟节水高产高效种植模式：主要分布在沈村东、南流常南 3 700 亩，回村南 1 100 亩，总计示范方面积 4 800 亩。辐射推广区分布在枣强县马屯、恩察、枣强镇、王均 4 个乡镇 24 个村，景县留府乡 3 个村，面积 43 220 亩，其中：苜蓿—玉米"一年三收"新型节水高效种植模式辐射推广 2.1 万亩，紫花苜蓿雨养旱作种植模式辐射推广 0.622 万亩，小麦玉米周年两熟节水高产高效种植模式辐射推广 1.6 万亩。

10 950 亩示范基地共增收 36.295 万元；普通示范区 9 950 亩，共增收 251.88 万元；辐射推广面积 43 220 亩，共增收 686.42 万元，示范推广累计增收 974.59 万元。实施过程中，大力推广农业种植节水技术，减少了地下水开采，做到时适时灌溉、适量灌溉，精品示范方节水 6 万 m^3，示范区节水 52.9 万 m^3，辐射区节水 197.8 万 m^3，累计节水 256.7 万 m^3；通过先进技术的示范推广应用，减少了化肥的使用量，降低了化肥对地下水及环境的污染，保护生态环境，取得了显著的社会与生态效益。

（二）枣强县小麦玉米节水增产技术示范基地建设

1. 成果来源与示范推广单位概况

该项技术来源于河北省农林科学院旱作农业研究所、枣强县农业技术推广站。重点示范小麦玉米节水增产技术模式，即以小麦、玉米节水抗旱抗逆高产稳产新品种及高产高效节水栽培技术为主要技术内容。

（1）小麦节水稳产高效主体技术

"三改二"节水技术：小麦春季第一水由返青起身期推迟到起身拔节期，第二水在小麦扬花灌浆期，春季由三水改浇二水，春季灌水减少 1 次，每亩节水 50 m^3 以上，通过浇好小麦春季关键水，提高水分利用率。示范推广区域推广应用小麦抗旱抗逆增产调节剂"吨田宝"及生物菌剂"亿生菌"，提高小麦节水及抗逆能力。

（2）夏玉米增产主体技术

选用高产优质、抗逆性强的品种郑单 958、吉祥 1 号、冀农 1 号等优良品种；增加种植密度，采用扩行缩株增加密度，每亩密度由 4 000～4 500 株提高到 4 500～5 200 株；适期晚收，从目前普遍收获期 9 月 30 日推迟到 10 月 5 日，增加玉米灌浆天数 5 d 以上，提高玉米产量。

该技术基地示范推广单位为枣强县政府。该县地处河北省东南部，是农业大县，总耕地面积 91 万亩。属于温带半湿润半干旱大陆性季风气候区，夏季高温，降水集中，冬季寒冷干燥，雨雪稀少，秋季有时有连阴雨出现；土壤矿物质养分较为丰富，但有机质、速效氮、磷养分缺乏，易受旱涝、盐碱化威胁。农业以小麦、玉米、棉花、杂粮、甘薯及特种养殖为主，其中小麦、玉米占有相当比重。枣强地处衡水地下水超采漏斗区，水资源十分匮乏，全县境内没有地上水资源，在枣强推广抗旱节水、稳产增产小麦、玉米高效种植新品种、新技术势在必行。

2. 主要技术内容

（1）小麦主要技术

选用节水抗旱稳产品种衡观35、衡4399、衡4444等。玉米收获后及时进行秸秆还田，粉碎两遍，百亩核心区进行深松，深松深度30 cm以上，旋耕两遍，旋耕深度15 cm以上。根据枣强土壤养分含量及近年来施肥情况，亩底施纯N 7～9 kg，P_2O_5 7～8 kg，K_2O 5～7 kg，每亩增施1 kg锌肥。

小麦播种技术的注意事项：一是足墒播种，在小麦播种前及时测定土壤水分含量，掌握耕层土壤相对含水量在80%以上，在播前墒情不足的，及时灌好底墒水，亩灌水50 m³左右，确保足墒播种，一播全苗；二是适期播种，适宜播量，示范方小麦播期为10月8—18日，亩播量14～15 kg；三是适宜播种形式，适当播深，示范方采用15 cm等行距全密种植，播种深度在3～5 cm；四是播后镇压。示范方小麦在播种后及时镇压。

生长调节剂喷施技术：在春季第一水，每亩追施1袋"亿生菌"，提高小麦节水抗旱能力；在小麦起身拔节期每亩喷施30～50 mL"吨田宝"，提高小麦抗倒伏能力。

（2）玉米主要技术

采用高产优质、抗逆性强的品种，如吉祥1号、浚单29、伟科702、农大372等。夏玉米播期一般在6月12—20日。小麦适时早收，玉米抢时早播。增施种肥，播后及时灌水，提高玉米播种质量。播种时扩行缩株增加密度，紧凑耐密品种密度4 500～5 200株/亩。根据土壤养分状况及不同时期需肥的不同，确定施肥种类和施肥量，进行配方施肥，保证在大喇叭口期和吐丝期的肥水供应。玉米后期一水两用技术。晚收增产，增加玉米灌浆天数5 d，提高玉米产量。

3. 组织实施情况与效果

在枣强县恩察镇西七吉村南建立100亩的百亩核心区，重点开展小麦、玉米新品种引种、对照试验、节水增产技术研究，探索适宜本地栽培条件的小麦玉米节水增产技术体系。以百亩核心区为中心，在恩察镇西七吉、东七吉两村村南建立了1 000亩的千亩示范方，重点进行新品种、新技术示范和主体、配套技术体系示范，承接观摩、专家技术指导工作，打造技术示范样板。以恩察镇西七吉、东七吉为中心，在恩察镇、加会镇、新屯镇的西七吉、庞水堤、后七吉等9个村进行技术辐射，建设万亩辐射区，重点承接主体、配套技术体系应用和规模性示范，进一步放大示范辐射效应。通过示范基地建设，"百、千、万"示范面积达到1.11万余亩。在百亩、千亩示范方建设过程中，实施了统一供种、统一播种、统一供肥、统一技术指导的"四统一"种植管理运行模式。以小麦玉米节水增产技术模式重点示范内容，以小麦、玉米节水抗旱抗逆高产稳产新品种及高产高效节水栽培技术为主体技术，先后示范衡观35、衡4399小麦节水增产优良品种和吉祥1号优质高产稳产玉米新品种，集成示范了"三改二"节水技术、秸秆小麦抗旱抗逆增产调节剂应用、秸秆还田及深松技术、配方施肥技术、小麦足适期墒播种等 5 项小麦节水稳产高效配套栽培技术和夏玉米播种技术、密植技术、配方施肥技术、后期一水两用技术、适时晚收增产技术 5 项玉米高效配套栽培技术，取得了良好经济效益，增强的示范辐射效果。

通过基地示范、辐射带动、宣传推广，实现了示范区与辐射区融合推进，优良品种及先进技术在全县大营镇、新屯乡、王均乡等 6 个乡镇得到了规模化推广应用，辐射面积达 12 万亩，取得了良好的经济效益。

亩核心区小麦亩产由 511.8 kg 提高到 582 kg，亩增产 70.2 kg；夏玉米亩产由 468.8 kg 增加到 572 kg，亩增产 103.2 kg。千亩示范方小麦亩产由 511.8 kg 提高到 567 kg，亩增产 55.2 kg；夏玉米亩产由 468.8 kg 增加到 566.7 kg，亩增产 97.9 kg。万亩辐射区小麦亩产由 499.7 kg 提高到 543.5 kg，亩增产 43.8 kg；夏玉米亩产由 468.8 kg 增加到 529.9 kg，亩增产 61.1 kg。推广辐射区：小麦亩产由 450 kg 提高到 476 kg，亩增产 26 kg；夏玉米亩产由 460 kg 增加到 508 kg，亩增产 48 kg。

基地建成示范区 11 100 亩，共增产 121.9 万 kg，增产增收 247.4 万元；辐射区 12 万亩，共增产 888 万 kg，增产增收 1 773.1 万元。示范区和辐射区累计增产 1 009.9 万 kg，增产增收 2 020.5 万元，累计节水 655.5 万 m^3。通过先进技术的示范推广应用，减少了化肥的使用量，降低了化肥对地下水及环境的污染，保护生态环境，取得了显著的经济与社会生态效益。

曲周县棉麦套种技术和小麦玉米节水增产配套技术示范基地建设

1. 成果来源与示范推广单位概况

该项技术主要来源于河北省农林科学院棉花研究所，在农作物一年两熟的基础上，通过示范基地建设，开展棉麦套种技术和小麦玉米节水增产配套技术推广示范，达到增粮、节水、增效的目的。同时，通过辐射带动作用，扩大粮食增产、农田增效区域范围，提高河北省渤海粮仓新的粮食生产力。

该技术基地建设与示范推广单位为曲周县政府。该县地处河北省南部，耕地 72 万亩，属暖温带半湿润大陆性季风气候区，年平均降水量为 556.2 mm，降水主要集中在 7 月至 9 月，雨热同期，对农业生产十分有利。春季干旱多风，十年九旱，冬季寒冷，雨量稀少，旱灾和病虫害是对农业生产危害最大的自然灾害。

2. 主要技术内容

（1）棉麦套作技术模式

主要技术：通过高产新品种与简化栽培技术的结合实现小麦、棉花播种机械化，病虫草害统防统治、水肥一体化；通过配套农机具的改造，实现了棉花覆膜、小麦收获机械化，形成棉麦套种技术体系。

配套技术如下。

① 小麦技术方案。

选择具有边行优势明显、增产潜力大、早熟等特点的品种，衡观 35、金禾 9123、邯麦 14 等。

棉花收获后，用秸秆还田机将棉柴粉碎还田，深耕精细整地。

每亩施氮磷钾（15-22-8）的复合肥 50 kg 作为小麦和棉花的底肥。

播种前进行药剂拌种，5 行为一幅。每幅小麦间留预留行，下年预留行播种 2 行棉花。

播种量设定为每亩 15~17.5 kg，保证小麦每亩基本苗 30 万~35 万，播种深度 3~5 cm，确保一播全苗。

播种后浇蒙头水或在夜冻昼消时浇灌冻水，保苗安全越冬。

视苗情墒情和天气情况搞好春季第一肥水运筹，培育壮苗。未进行杂草秋治的除治麦田杂草。

利用杀虫剂、杀菌剂复配，综合防病治虫、抗干热风，同时一药多用，防治棉花苗期病虫害。

收获时在联合收割机割台中间加装宽度略小于预留行挡板收获小麦，防止损伤棉苗。

②棉花技术方案。

选用耐旱、结铃集中、吐絮集中等特点的中早熟品种，冀 H170、冀杂 2 号、邯杂 2 号等。

结合小麦浇水借墒 4 月下旬播种。一膜盖双行，播种后喷施土壤封闭除草剂。

及时放苗、定苗；重点防治红蜘蛛和地老虎等为害。

利用水肥一体化设施浇水追肥，注意化控结合。

7 月 15 日前打完顶。结合促早措施，防贪青晚熟。

10 月下旬清除棉柴。

（2）小麦节水稳产玉米高产高效技术模式

主要技术：根据本区域大田农业发展趋势，改变种植结构，将原来普通棉田转化为小麦玉米一年两熟粮田，实现大幅度增粮目标。同时开展小麦节水稳产玉米高产高效技术研究，小麦选用节水晚播早熟品种，并加大播种量，配套推广土壤深松、秸秆还田、播后镇压等综合节水保墒技术，小麦生育期内减少浇水 1～2 次，突出浇好拔节水，实现小麦节水稳产。玉米选用晚熟高产品种，配套实施早播晚收、精播高密、化控防倒、病虫害综合治理等精细化田间管理技术，挖掘本区域小麦、玉米的光温水生产潜力，熟化小麦节水稳产玉米高产高效技术，进一步为本县小麦玉米高产高效提供技术支撑。

配套技术如下。

① 小麦技术方案。

选用节水、抗旱、高产、优质小麦品种邯 6172、农大 399、衡 4399、婴泊 700、石农 086、衡观 35 等。

施足底肥、培肥地力。通过秸秆还田、增施有机肥提高土壤肥力。亩底施纯氮 18 kg、五氧化二磷 18 kg，硫酸锌 1.5 kg。

造好底墒、采取土壤深耕、深松和镇压技术，提高整地质量。深耕或深松 20～25 cm，然后再旋耕 2 遍，使土壤平整无坷垃。并进行适当镇压，使土壤踏实。

适期适量播种、提高播种质量：10 月 10—12 日播种，亩播量 10～12 kg，一般行距 14～15 cm，播种深度 3～5 cm。播种时机手应控制拖拉机匀速行走，保持 2～3 km/h 的速度，以确保播种均匀、深浅一致、行距一致、不漏播、不重播，播后镇压，减少缺苗断垄播深。

12 月上旬（夜冻日消时）依据苗情，迟浇或不浇冻水，确保麦苗安全越冬。

返青期中耕锄划，提温保墒。

化控防倒。起身期亩茎数超过 120 万时要采取深中耕或化控防倒技术。

拔节期浇水追肥，每亩追尿素 35 kg。

综合防治病虫草害。春草秋治或返青-起身期搞好麦田化学除草。及时防病治虫，重点种子包衣、纹枯病、白粉病、锈病、赤霉病，蚜虫、红蜘蛛、吸浆虫等病虫防治。灌浆期结合防病治虫进行叶面喷肥 2～3 遍，防衰增粒重。

②夏玉米技术方案。

选用耐密高产品种，合理密植。选用郑单 958、先玉 335。充分发挥玉米的群体优势，合理增加种植密度，留苗密度要保证 5 000～5 500 株/亩。

早播晚收。夏玉米生育期短、籽粒灌浆时间不足，限制了产量的提高。所以小麦收获后要抢时早播，保证在 6 月 12 日前播完种，随后马上浇蒙头水，保证早出苗，同时推迟玉米的收获期到 10 月初。早播晚收能保证玉米充足的生长时间，延长玉米的灌浆时间增加千粒重，提高产量。

灭茬精播。玉米播种前必须使用灭茬机将麦茬和麦秸打碎，有利于玉米出苗。采用玉米机械化精量穴播机，播种前根据留苗密度和种子发芽率，计算好株距、行距。严格控制播种行走速度不超过 4 km/h。

大喇叭口期机械追肥。提高效率和肥料利用率，还起到中耕的作用。大喇叭口期追肥采用玉米小型追肥机，隔行追肥，降低劳动强度。

加强肥水管理，增加肥料投入。在播种时每亩施用氮磷钾复合（混）肥 30 kg 左右配合 1～2 硫酸锌肥作为种肥。重施大喇叭口肥，每亩追施尿素 35 kg。巧施花粒肥，在花粒期每亩补施尿素 7～10 kg，保证玉米中后期不脱肥，实现穗大、粒多、粒重、品质好。保证关键水。要保证大喇叭口期、开花吐丝期这二个时期的水分供应，根据土壤墒情和天气情况，合理灌溉。

中耕、化控防倒。高密度种植地块要特别注意预防倒伏，在玉米封垄前进行中耕培土，促进气生根发育，防止倒伏，利于排灌。综合防治病虫草害。播种前种子全部包衣。苗期注意防治蓟马、黏虫、棉铃虫、二点委夜蛾、瑞典蝇等虫害，穗期注意防治褐斑病、叶斑病、茎腐病、玉米螟等病害。

适期晚收。收获期不早于 10 月 1 日，保证籽粒灌浆期 45～50 d 以上。

3. 组织实施情况与效果

基地建设地点位于曲周县槐桥乡、曲周镇、侯村镇、第四疃镇、白寨镇、安寨镇、南里岳乡、河南疃镇、大河道乡、依庄乡等乡镇、村。

2015 年，在曲周县西漳头村、东刘庄村建设 1 200 亩千亩棉麦套作技术示范方，在曲周县戚寨村、安上村、侯村、五间房村、振清寨村、后老营村建设 10 000 亩万亩辐射区，其中棉麦套作技术模式示范方 2 000 亩，小麦玉米高产高效节水示范方 8 000 亩。

2016 年，在曲周县槐桥乡西漳头村建设 250 亩棉麦套作技术模式百亩核心区，在曲周县东刘庄村、西漳头村、侯村建设 2 000 亩棉麦套作技术模式千亩示范方。在曲周县东刘庄村建设 300 亩小麦节水稳产玉米高产高效技术模式百亩核心区，在曲周县张西头村、王庄村、六疃村、小中寨村建设小麦节水稳产玉米高产高效技术模式 2 200 亩千亩示范方。在曲周县甜水庄村、北油村、南油村、司寨村、后寨村、西大由村、安上村、西王堡村建设 12 000 亩小麦节水稳产玉米高产高效技术模式万亩辐射区。

2017 年，在曲周县槐桥乡西漳头村建设 250 亩棉麦套种技术百亩核心区，在曲周县曲周镇东刘庄村、槐桥乡西漳头村、安寨镇东屯村、侯村镇侯村、大河道乡老营村建设 1 750 亩棉麦套种技术千亩示范方。在曲周县第四疃镇王庄村建设 300 亩小麦玉米节水高产技术百亩核心区，在曲周县南里岳乡张西头村建设 1 200 亩小麦玉米节水高产技术千亩示范方。在白寨镇甜水庄村、范李庄村、北油村、鲁新寨和曲周镇麻庄村、第四疃镇王庄村以及寺头村建设 11 500 亩小麦玉米节水高产技术万亩辐射区。2015 年至 2017 年 3 年的示范推广实施效果见下表。

2015 年示范推广技术实施情况

项目名称		示范基地建设情况					技术辐射示范情况				
		示范区面积（亩）	示范区亩产（kg）	示范区对照亩产（kg）	示范区亩节水（m³）	示范区亩节本增收（元）	辐射区面积（亩）	辐射区亩产（kg）	辐射区对照亩产（kg）	辐射区亩节水（m³）	辐射区亩节本增收（元）
棉麦套作技术	小麦	3 200	421.38		50						
	棉花		120.6	皮棉 110.78							
小麦节水稳产玉米高产高效技术	小麦	8 000	620.18	541.49	50		60 000	518.5	495.3	50	
	玉米		625.17	505.66				590.3	501.6		

2016 年项目技术实施情况

项目名称		示范基地建设情况					技术辐射示范情况				
		示范区面积（亩）	示范区亩产（kg）	示范区对照亩产（kg）	示范区亩节水（m³）	示范区亩节本增收（元）	辐射区面积（亩）	辐射区亩产（kg）	辐射区对照亩产（kg）	辐射区亩节水（m³）	辐射区亩节本增收（元）
棉麦套作技术	小麦	2 250	426.0	412.4	50	161.04					
	棉花		120.6	109.4							
小麦节水稳产玉米高产高效技术	小麦	14 500	583.7	565.8	50	137.28	110 000	572.5	548.7	50	140.82
	玉米		689.2	662.5				602.7	582.4		

2017 年技术实施情况

项目名称		示范基地建设情况					技术辐射示范情况				
		示范区面积（亩）	示范区亩产（kg）	示范区对照亩产（kg）	示范区亩节水（m³）	示范区亩节本增收（元）	辐射区面积（亩）	辐射区亩产（kg）	辐射区对照亩产（kg）	辐射区亩节水（m³）	辐射区亩节本增收（元）
棉麦套作技术	小麦	2 020	443.7	412.4	50	264	21 223	403	385	50	232.1
	棉花		118.5	109.4				102.7	93.5		
小麦节水稳产玉米高产高效技术	小麦	13 160	605.5	565.8	50	202.8	104 609	579.5	548.7	50	173.5
	玉米		693.2	662.5				609.2	582.4		

成安县棉改增粮节水技术示范基地建设

1. 成果来源与示范推广单位概况

技术来源于邯郸市农业科学院、河北众信农业科学研究院和成安县农牧局。围绕实施的"增粮、节水"总体目标和要求，依据成安县的自然条件和大田当前的农业生产发展趋势和技术要求，主要推广应用棉改增粮节水技术，即将传统的棉花一年一熟改为小麦、棉花一年两熟，示范低酚棉与小麦套作，实现保棉增粮的目标；通过改变种植结构，棉田改粮田，将棉田改作小麦、玉米高产高效节水栽培，实现大幅度增粮的目标。通过采用节水品种，结合浇小麦孕穗—灌浆水借墒播种棉花，减少浇水次数，推广使用移动喷灌，采用水肥一体化集成技术，实现节水目标。

该技术基地建设与示范推广单位为成安县政府，该县位于河北省南部，耕地 52.3 万亩。属温带大陆性季风气候区，雨热同季，光照充足，年平均降水量为 560 mm 左右，非常有利于小麦、玉米、棉花等多种农作物的生长繁育。成安县是全国粮棉优势主产区，种植历史悠久，面积大、品质好。

2. 主要技术内容

（1）棉麦套种栽培主体技术

① 棉改增粮。选用低酚棉品种作为新的种植模式和技术亮点进行棉麦套种示范。低酚棉俗称"无毒棉"，是集"棉、粮、油、饲、药"五位一体的高效经济作物，突出特点是棉粮兼用，因此低酚棉与小麦套种可进一步提高棉田增粮的水平，同时也符合渤海粮仓项目倡导的"粮饲结合、农牧结合，因地制宜、调整结构"的大粮食概念要求。核心是将传统棉花一年一熟改为小麦、棉花一年两熟，充分利用麦田的光热资源以及小麦、棉花套作时形成的边行优势，实现棉田增粮、棉粮双丰。突出"双早"技术，促早栽培，做到小麦早收、棉花早熟，达到保棉增粮，向棉要粮的目的。

② 节水栽培。加强田间管理，农艺与农机相结合，推广节水栽培技术，从秸秆还田、整地、播种、中耕、水肥一体化、植保防治、收获等各个环节实施节水栽培。示范推广移动喷灌、微灌、滴灌、水肥一体化等多种节水形式，提高水资源和肥料利用率，提高生产效率。把节水与地下水超采治理相结合，合理利用地上水源。

（2）小麦玉米高产高效节水主体技术（特色）

通过高产新品种与精播种植技术的结合实现玉米、小麦播种机械化，病虫草害统防统治、水肥一体化；通过配套农机具的投入，实现了秸秆还田、粮食收获机械化，集成小麦玉米高产高效节水技术体系。

3. 组织实施情况与效果

在成安县成安镇北阳村建设麦棉套作栽培技术 1 200 亩千亩示范方，示范区每亩增收小麦 350 kg，亩产皮棉 85 kg，亩节水 50 m³。

在道东堡乡的大堤西（7 000 亩）、柴要（1 000 亩）、北乡义乡的闫村（1 500 亩）、西乡义（1 500 亩）等连片乡村建设 11 000 亩万亩辐射区，其中，建设棉麦套作栽培技术示范区 5 000 亩，年亩产小麦 320 kg、亩产皮棉 85 kg，亩节水 50 m³；建设小麦玉米高产高效节水示范区 6 000 亩，年亩产小麦 520 kg、玉米 600 kg，亩节水 50 m³。

示范推广区域以千亩方、万亩方为中心，大力开展棉麦套作栽培技术、小麦玉米高产高效节水技术集成与示范推广，辐射周围乡镇、村庄，辐射面积达到 7 万亩，亩节水 50 m³。

肥乡区小麦玉米水肥一体化高产栽培技术示范基地建设

1. 成果来源与示范推广单位概况

河北沃土种业股份有限公司科技术人员结合肥乡区漏斗区地下水资源匮乏的实际情况，在长期的粮食生产实践中，通过多年科学研究与实验，集成了一套小麦、玉米水肥一体化高产栽培技术方案。

基地建设与示范推广单位为邯郸市肥乡区政府。该区位于河北省南部，地处黑龙港流域，耕地 60 万亩。肥乡区全境处于平原地带，地势平坦，大陆性季风显著，四季差异明显。平均年降水 510 mm 左右。地下水的补给以大气降水直接渗入为主，其次是渠灌、井灌回归补给。因多年采多补少，出现多处漏斗区。

2. 主要技术内容

研究、集成小麦、玉米水肥一体化节水高产栽培技术体系，通过精量播种、测土配肥、节能灌溉、适时化控一系列物化技术，达到亩节成本 110 元、节水 50 m³、增粮 100 kg。

3. 组织实施情况与效果

由河北沃土种业股份有限公司具体负责实施，百亩示范方（320 亩）位于该公司现代农业园区，千亩示范方（6 000 亩）建在肥乡区彭固村西，万亩示范基地建在天台山镇、辛安镇镇相邻的 6 个村子。

2017 年，建设示范基地 20 320 亩，辐射面积 24 万亩，节支 2 850 万元，增粮 3 042 万 kg，节水 1 300 多万 m³。

巨鹿县杂交谷轻简化栽培技术示范基地建设

1. 成果来源与示范推广单位概况

杂交谷轻简化栽培技术来自于张家口市农业科学院。通过精量播种、苗期化学间苗除草、全程机械化等措施实施轻简化栽培，大幅度减少田间管理用工，解放生产力。

基地建设与示范推广单位为巨鹿县政府。该县地处冀南黑龙港低平原地区。耕地面积63.5万亩。雨热同期，寒旱同季。地下水位深，年降水偏少，水利条件差。土质有沙土、壤土、黏土、盐碱土。为一年两熟区。巨鹿人适应巨鹿自然气候条件，把以谷子为主的杂粮作为特色产业。自2002年起，巨鹿与张家口市农业科学院合作，建立了张杂谷新品种培育基地、张杂谷新品种新技术试验示范推广基地。

2. 主要技术内容

（1）精量播种技术

亩播量0.5 kg，用谷子专用播种机播种。种肥一体化，省工省时。亩留苗密度：张杂谷8号3万~4万株，张杂谷11号4万~4.5万株，特早一号3.5万~4.5万株。

（2）化学间苗技术

谷子播种后出苗前亩喷谷友除草剂120 g，封地面，防治阔叶杂草。谷子长到3~5片叶子时，亩喷间苗剂100 mL，除掉自交苗，防治单子叶杂草。

（3）肥水运用

施肥，每亩底施谷子配方肥40 kg，生长期追施尿素20 kg。浇水，张杂谷11号，一般在5月中旬播种，张杂谷8号一般在6月底、7月初播种，特早一号一般在7月中下旬播种，5月中旬连降几场透雨，7月上中旬也下了透雨，趁墒播种。生长期浇一水。家庭农场用喷灌，农户用防渗管道浇地。

（4）病虫害防治

种子包衣，防治土传病虫害。结合喷洒间苗剂，加喷农药甲维盐、吡虫啉防治苗期虫害。抽穗前喷洒稻瘟灵，三环唑防治谷瘟病。

3. 组织实施情况与效果

百亩示范区位于堤村乡堤村集靳庆义农场、辛寨赵铁群农场、甜水张庄徐瑞钦农场。

千亩示范方2个，位于堤村乡、张王疃乡。示范面积一万亩，涉及张王疃13个村，堤村乡4个村，巨鹿镇1个村，共计18个村，堤村集、辛寨、观寨等8个家庭农场。示范三个谷子品种：张杂谷8号3 000亩，特早一号1916亩，张杂谷11号5 084亩。

推广4项新技术：（A）精量播种技术：亩播量0.5 kg。（B）化学间苗除草技术；

谷子播种后出苗前喷谷友除草剂；谷子长到3~5片叶子时，喷间苗剂。（C）科学运用肥水技术：底施谷子配方肥40 kg，拔节至抽穗期追施尿素20 kg。（D）综合防治病虫害：一喷多防，苗期重点防治钻心虫，抽穗前后重点防治谷瘟病。

张杂谷11号田间测产，亩穗数4.3万个，单穗籽粒重11.9 g，亩产435.8 kg；张杂谷8号亩穗数3.5万个，单穗籽粒重14.8 g，亩产441 kg；特早一号亩穗数3.8万个，单穗籽粒重12.6 g，亩产407 kg。

示范杂交谷总面积1万亩，平均亩产428 kg，总产428万 kg，按市场价格每千克3元计算，总效益1 284万元。对照亩产302 kg，示范田与对照田相比，亩增产126 kg，亩增收378元，万亩示范田总增收378万元。

基地建设过程中，扶持新型经营主体：家庭农场与杂交谷龙头企业合作，繁育杂交谷种。以杂交谷子为主要原料的小米加工厂应运而生，福鹿祥小米、鹏阳小米等小米生产厂家打出巨鹿小米牌子，畅销全国各地。巨鹿县丰利金银花专业合作社的小米已申请为有机小米。

生态效益明显。示范田少浇一水，亩节水50 m³，万亩示范田节水50万 m³。另外，推动当地养殖业发展。谷草是优质饲草，示范田亩产谷草400 kg，总产400万 kg。可养驴2 000头，推动了畜牧业发展，畜粪施在地里培肥土壤，推动了农业的良性循环。

景县微咸水补灌与节水微灌超吨粮技术示范基地建设

1. 成果来源与示范推广单位概况

技术来源于中国科学院遗传与发育生物学研究所农业资源研究中心。

基地建设与示范推广单位为景县政府。该县地处黑龙港流域，河北省东南部，耕地125万亩，属暖温带半湿润大陆性气候，年平均气温12.5℃，年平均降水量554 mm。深层地下水资源匮乏，但浅层微咸水的储量相对丰富。

2. 主要技术内容

（1）小麦玉米浅层微咸水补灌技术

小麦玉米两季采用咸淡混浇，控制混合水矿化度小于2.5 g/L。集中灌溉期间深井出水量明显降低，一般在40 m³/h，浅层微咸水井出水量18 m³/h，混合比例32.7%。全年浇水5次（小麦3次，玉米2次），每次55 m³/亩，小麦玉米全年灌溉275 m³/亩，浅层微咸水补灌亩节约深层淡水90 m³。

（2）小麦玉米节水微灌技术

小麦玉米两季采用微喷带灌溉。常规畦灌小麦浇水3次（造墒55 m³，拔节55 m³和扬花水55 m³），共浇水165 m³/亩，微灌浇水4次（造墒30 m³，拔节20 m³，孕穗20 m³、扬花20 m³），共浇水90 m³，较常规畦灌亩节水75 m³。2014年玉米季降雨较少，对照畦灌田共浇2水，一次出苗水，一次大喇叭口浇水，总浇水量110 m³/亩。微喷玉米共浇4次水（出苗20 m³，拔节10 m³，大喇叭口15 m³，吐丝15 m³），共浇水60 m³。玉米微灌较常规畦灌节水50 m³/亩。

（3）相应的配套技术

小麦：重点推广选用抗旱品种；足墒播种；秸秆还田；深耕深松，精细整地；平衡施肥，增施有机肥；适期适量播种；播后镇压；适当推迟春一水；病虫草害综合防治；后期一喷三防；适时收获等配套技术。

玉米：重点推广选用优种；捡叶早播，播后浇蒙头水；单粒播种，深松播种，提高播种质量；适度增密；平衡施肥；病虫草害综合防治；科学化控；适期晚收；后期一水两用等配套技术。

3. 组织实施情况与效果

共建设千亩示范方3个，示范面积4 050亩。

在龙华镇彭村的景县志清种植农民专业合作社建立微喷节水增产技术示范方 1 000 亩，小麦平均亩穗数 52.4 万、穗粒数 30.8 个、千粒重 42 g，平均亩产 576.6 kg，较前 3 年亩增 146.9 kg，增产率 34.1%；玉米平均亩穗数 4 620 个、穗粒数 543.4 个、千粒重 310 g，平均亩产 661.0 kg，较前 3 年亩增 203.3 kg，增产率 44.4%。

在青兰乡杨章村、东堡定等村的景县粮丰种植业农民专业合作社建立微咸水补灌技术示范方 2 000 亩。小麦平均亩穗数 42.4 万、穗粒数 34.4 个、千粒重 42 g，平均亩产 521.4 kg，较前三年平均亩增 91.7 kg，增产率 21.3%；玉米平均亩穗数 4 173 个、穗粒数 515 个、千粒重 343 g，平均亩产 626.1 kg，较前三年平均亩增 167.4 kg，增产率 36.7%。

在景县津龙养殖有限公司建立节水型粮草种植模式 1 050 亩。其中苜蓿单作 700 亩，年产干苜蓿 925 kg/亩；苜蓿与饲用玉米套种 150 亩，年产干苜蓿 655 kg/亩、青贮玉米 2 567 kg/亩；小黑麦+高丹草 200 亩，年产黑麦鲜草 2 402 kg/亩、高丹草鲜草 6 088 kg/亩。

综上，小麦玉米微喷节水及浅层微咸水利用示范方，加权平均小麦亩产 539.8 kg、玉米亩产 637.7 kg，全年产量 1 177.5 kg，较任务指标增 77.5 kg，较前三年平均亩增粮食 290.1 kg，增产 32.7%。水分生产率提高 39.6%，节约淡水 36.9%，亩增效 580 元。节水型粮草种植模式，较小麦玉米吨粮亩增效 260~980 元，年亩节水 150~200 m³。万亩辐射区面积共计 11 000 亩，其中微喷节水增产技术 4 000 亩，微咸水补灌技术 7 000 亩。

微喷节水增产技术重点在新型经营主体实施，示范面积 4 000 亩，以龙华镇为主辐射王瞳镇。其中龙华镇的景县志清农民专业合作社 1 000 亩、衡水元亨科技有限公司 1 100 亩、景县亿田农民种植专业合作社 300 亩、景县碧林园种植业农民专业合作社 760 亩，王瞳镇的景县科优园现代农业示范园专业合作社 400 亩、景县康禾种植业农民合作社 440 亩。小麦平均亩穗数 43.3 万、穗粒数 33.1 个、千粒重 42 g，亩产 511.6 kg，较前三年亩增 81.9 kg，增产率 19.1%；玉米平均亩穗数 4 288.8 个、穗粒数 514.5 个、千粒重 330 g，亩产 618.9 kg，较前三年亩增 161.2 kg，增产率 35.2%。

咸水补灌技术重点在青兰乡东堡定、西堡定、杨章村、韩章村、李章村、大章村等村示范，面积 7 000 亩。小麦平均亩穗数 40.98 万、穗粒数 33.1 个、千粒重 42 g，亩产 484.2 kg，较前三年亩 54.5 kg，增产率 12.7%；玉米平均亩穗数 4 180 个、穗粒数 503.5 个、千粒重 330 g，亩产 590.3 kg，较前三年亩增 132.6 kg，增产率 29.0%。

以上加权平均，平均小麦亩产 494.2 kg，玉米 600.7 kg，全年亩产粮食 1 094.9 kg，较前三年亩增 207.5 kg，增产率 23.4%。水分生产效率提高 38.2%，节约深层淡水 29.9%，亩增效 415 元。

通过示范推广的实施，大大提高了示范推广区域水土资源利用率，提高了粮食综合生产水平和生产能力，促进了农业增效、农民增收，与前三年平均相比，共增产粮食 1 015.64 万 kg，增加经济效益 2 031.2 万元。

通过示范推广的实施，不仅大大提高了示范推广区域农民科技素质，培养了一批不走的农民技术骨干，而且极大地促进了新型经营主体及社会化服务事业的发展壮大，加快了示范推广区域土地流转、规模经营步伐，对示范推广区域现代农业发展和新农村建设具有重要意义。

通过示范推广的实施，大大减少了深层地下水的开采，提高了水土利用率，保护了地下水资源，同时平衡施肥、病虫害统防统治等技术的推广应用，减少了化肥、农药等对土壤、水、大气等环境的污染，保护了生态环境，极大地促进了示范推广区域农业的可持续发展。

海兴县盐碱地生态改良与现代农业技术
示范基地建设

1. 成果来源与示范推广单位概况

技术来源为河北省农林科学院棉花研究所。

基地建设与示范推广单位为河北省国营海兴农场。该农场占地 10.5 万亩。多年来，农场致力于盐碱地治理，取得了较好的盐碱地治理经验，获得了一定的盐碱地治理技术。

2. 主要技术内容

通过生态调控、土壤综合改良和农业轻简高效栽培等开发利用渤海湾盐碱地，服务"棉田东移"种植结构调整战略，确保粮食安全和粮棉协调发展。

3. 组织实施情况与效果

千亩示范方位于国营海兴农场，面积为 3 000 亩，其中棉花 1 000 亩（农科院棉花所负责实施）、春玉米地膜沟播技术示范方 1 000 亩、冬小麦节水高产高效栽培技术示范方 1 000 亩。

万亩辐射区位于国营海兴农场，面积为 10 000 亩，其中盐碱棉田综合改良及棉花前重式简化高产栽培技术示范区 6 000 亩、春玉米地膜沟播技术示范区 2 000 亩、冬小麦节水高产栽培技术示范区 2 000 亩。

基地内作物产量均较对照区增产效果明显，共计节水 560 万 m^3。棉花与小麦实现设定产量，玉米受 2014 年严重干旱影响，产量略低。

万亩辐射区推广优质棉花 6 000 亩，增产籽棉 16.8 万 kg，增加产值 100.8 万元；辐射区棉花 45 000 亩，增产籽棉 92.7 万 kg，增加产值 556.2 万元（按收购价 6 元/kg 计算）。

万亩辐射区推广优质玉米 2 000 亩，增产玉米 14.72 万 kg，增加产值 29.44 万元；辐射区玉米 25 000 亩，增产玉米 129.5 万 kg，增加产值 259 万元（按收购价 2 元/kg 计算）。

基地建设使农业生产基础设施将进一步改善，促进全县农作物生产向基地化、标准化、专业化、规模化方向发展，极大提升海兴县农作物生产的科技水平，提高农民的科技素质，增强粮食综合生产能力，农作物总产进一步增加，优质作物占比进一步加大。示范推广实施区农作物增产明显，可为社会提供优质商品粮，进一步保障粮食供给，确保粮食安全。

推广示范县基地建设

2013 年至 2017 年河北省粮食生产迈上新台阶，2017 年收获 3 456.73 万亩小麦，平均亩产 413.25 kg，连续 4 年亩产超越 400 kg，位居全国第二。这一佳绩的取得，得益于省委、省政府推动农业现代化发展的领导决策，其中河北省渤海粮仓建设工程的科技支撑更是功不可没。

作为肩负夯基粮食安全的国家级科技支撑计划项目，河北省渤海粮仓建设工程意义可谓重大，其 30 个一般示范县主体技术示范推广由省农业技术推广站承担。近年来，省农业技术推广总站紧紧围绕服务粮食生产、农民增收和实现农业可持续发展的目标，依托渤海粮仓科技示范工程，打造百亩核心试验区、千亩示范方和万亩辐射区，加速推进成果落地，全面加强科技服务，带动了全省农业一轮又一轮增产。

在"农"字上做科技技术推广文章，河北省农业技术推广站一路向前。将科技技术与农业生产结合，使科技力量给广大农户带来实实在在的效益。

1. 大粮食理念：拓宽思维引智兴农

渤海粮仓科技示范工程是国家科技部、中国科学院联合河北、山东、辽宁、天津等省市共同实施的国家重大科技工程，以"增产增效并重、良种良法配套、农机农艺结合、生产生态协调"为基本思路，以"生态优先、节水改土、稳夏增秋、棉改增粮、粮饲结合、集约经营"为技术路线，弱化绝对增加粮食产量观念，根据水资源状况、市场需求、生态红线统筹考虑粮食生产问题，树立大粮食思维，形成了以节水灌溉技术、微灌水肥一体化、雨养旱作增粮模式等为代表的八大主体技术模式。

省农业技术推广总站作为项目示范推广单位之一，承担渤海粮仓科技示范工程项目示范县主体技术示范与推广子项目，该项目成立了由省农业技术推广总站站长崔彦生为首的项目团队，团队成员由以河北省现代农业产业技术体系小麦创新团队首席专家曹刚为核心的粮食科组成。摆在项目团队面前的任务，就是如何让主体技术模式落地生根，真正实现粮食增产，农民增收，农业增效。

为了实现技术落地，渤海粮仓科技示范工程进行顶层规划，创立"百、千、万"示范推广法，百亩核心试验区重在实验数据的获得，千亩示范方重在展示规模效果，万亩辐射区重在为农民增收增效服务。通过"百千万"工作法，示范效果得到展示，并在此基础上推广成熟技术模式，实现主体技术的逐级放大，使示范技术大面积推广至整个示范推广区域。

在示范推广中，省农业技术推广总站进一步开创"省市协调调度+县域总指挥+科技特派团+新型经营主体"的管理模式。

省、市两级农业技术推广站协调整合项目资源，将渤海粮仓项目与重大农业项目相结合进行。与绿色高产高效项目相结合，核心示范田统一品种；与配方施肥项目相结合，示范推广区域所有方田全部进行测土配方施肥；与节水小麦产业项目相结合，地下防渗管道铺设和机耕路的修建对示范推广区域重点扶持；四是与大型农机具购置补贴相结合，大型农机具购置补贴向示范推广区域倾斜，实行统一机耕、机播、机收等。

市级以沧州、衡水、邢台、邯郸、唐山五市技术推广站为核心，成立渤海粮仓项目协调小组，由各市主管农技推广的局长任小组组长。

各县以县农业（牧）局为具体落实单位，成立了县级渤海粮仓建设示范工程领导小组，局长为组长，主管副局长具体实施，协调生产股、技术站、植保站、土肥站、农机管理站等单位，统一调配力量做好渤海粮仓建设的示范推广工作；市县有关部门抽调专门人员与技术依托单位技术人员组成科技特派团；新型经营主体为项目实施的法人实体，共同推进示范区渤海粮仓科技示范工程实施。

这样的管理模式，不仅动员了全省各级农技推广人员，还凝聚了农业科技专家和新型经营主体的能量。现代农业产业技术体系和基层农机推广体系实现了有效对接，专家的科研方向和科研成果更多投向农业生产一线，农民在生产中遇到的各种难题也能尽快在专家那里找到解决方案。5 年以来，省农业技术推广总站以八大主体技术模式技术为基础，规划了五个以稳量增效为主的示范推广模式区，即节水及雨养旱作增产模式区、咸淡水混浇及微灌水肥一体化稳产模式区、节水增产及粮棉轮作和谷子轻简化增粮模式区、节水吨粮及粮棉轮（套）作和杂粮轻简化增粮模式区、水稻轻简化增效型模式区。

从省农业技术推广总站领导到专家，从一般干部到技术人员，充分依托农技推广体系优势，用汗水和智慧，为渤海粮仓建设贡献力量。

2. 技术为引擎：全面提升农业科技含量

近年来，中央"1 号文件"，多次聚焦科技兴农，多个部分涉及农业科技，涉及篇幅众多。

随着渤海粮仓项目在示范县展开主体技术示范与推广，主体技术模式经过农业专家和农技人员的不断探索、反复实践，一个个变成了活生生的现实，成为科技兴农、助农增收威力最大的"法宝"。

省农业技术推广总站规划的节水及雨养旱作增产模式区等五个主体技术示范推广区，各示范县（市）均达到或超额完成年度任务指标。小麦平均亩产 421.1 kg，比前三年平均亩产增 41.8 kg，棉区小麦平均亩产 408.1 kg；玉米平均亩产 505.5 kg，比前三年平均亩产增 106.3 kg；棉花平均亩产皮棉 88.14 kg。渤海粮仓项目做到了推广速度快、实施面积大、农民参与程度高、综合效益好。

其中节水及雨养旱作增产模式区包含示范县小麦平均亩产 431.65 kg，比前三年亩增产 62.32 kg；玉米平均亩产 517.28 kg，比前三年亩增产 126.43 kg。平均亩节水 107 m^3。

咸淡水混浇及微灌水肥一体化稳产模式区示范县小麦平均亩产 308.8 kg，比前三年亩增产 37.1 kg；玉米平均亩产 348.3 kg，比前三年亩增产 69.3 kg。平均亩节水 80 m^3。

小麦玉米节水增产及粮棉轮作和谷子轻简化增粮模式两年三熟区小麦平均亩产 414.0 kg，玉米平均亩产 506 kg。小麦玉米一年两熟区小麦平均亩产 392.9 kg，比前三年亩增产 31.4 kg，玉米平均亩产 477.6 kg，比前三年亩增产 86.4 kg。

节水吨粮及粮棉轮（套）作和杂粮轻简化增粮模式区小麦平均亩产 503.03 kg，比前三年亩增产 26.61 kg，玉米平均亩产 588.25 kg，比前三年亩增产 67.64 kg。平均亩节水 50.16 m³。

水稻轻简化增效型模式区平均亩产 702 kg，较全区 2011—2013 年三年平均产量 658 kg 增产 44 kg，增产率 6.7%；万亩示范片平均亩产 695.16 kg；千亩示范方品平亩产 751.5 kg。

此外，基于光谱诊断技术的冬小麦水肥快速精准调控技术。示范推广面积 60 万亩。主要推广田间速测与无人机相结合的冬小麦肥水诊断技术及服务模式，利用无人机低空监测平台，结合建立的光谱监测模型进行了作物生长指标监测，实现对地块尺度的冬小麦生长指标的快速、无损、定量化监测。在此基础上，结合作物生长模型及农学知识，面向高产目标进行肥水决策管理，最终形成田间速测仪与无人机平台协同的作物生长指标光谱无损监测技术及服务模式。总计划面积 60 万亩，实际完成 60.5 万亩。化肥等资源利用率提高 8%～10%，农药施用量减少 15%，平均每亩小麦玉米两季节约化肥（折合尿素）10 kg，小麦玉米生产灾害损失率降低 15%，平均提高小麦玉米产量 5%。

这些技术最大的优点是适用，能够在华北大地开花结果，这背后则是科研人员的因地制宜、系统集成和创新发展，节本增产增效，经过省农业技术推广总站的示范，解放了农业生产力，一经推广就显示强大生命力。

3. 科技到田间：打通农科落地"最后一公里"

从农业科技到实际应用，让创新成果惠及千家万户，这是省农业技术推广人始终未忘的初心。

如果不能落地，诞生在实验室里的一项项高精尖成果只是好看不好用的"花拳绣腿"。将田间地头作为永远的实验室，才使高科技的种子改变世界有了现实可能性。去年以来，省农业技术推广人扎实做好田间调查，及时了解项目实施情况。"我们特别重视生产数据的调查，在春秋两季作物生产的关键时期，省农业技术推广总站利用体系优势，组织了大量技术人员深入田间，开展实地调查，组织专家会商形成指导意见。5 年间，省农业技术推广总站组织省小麦专家顾问组成员和河北省现代农业产业小麦创新团队部分成员，结合农时共提出小麦、玉米各关键期技术管理意见（建议）30 余份。以省农业厅文件下发到有关市农业（牧）局、技术推广站，指导生产。此外，还充分发挥智慧农业科技力量，利用无人机低空监测平台，结合建立的光谱监测模型进行了作物生长指标监测。

为做好渤海粮仓示范县主体技术示范推广，省农业技术推广总站指导下各县分别按要求建立示范方，各市在县级示范方基础之上建立市级示范方。各地通过将支农惠农政策向示范方倾斜的方法，将其打造成观摩示范的重点，并以此为平台集中展示新品种、新技术，收到了良好的效果。

2016 年 3 月，石家庄召开渤海粮仓科技示范工程主体技术示范推广培训班。省农业技术推广总站站长崔彦生、副站长蔡淑红出席会议，培训会邀请省农科院贾秀领研究员、杨利华研究员分别就小麦玉米水肥一体化技术、玉米高产栽培技术进行培训。

2016 年 6 月，渤海粮仓科技示范工程一般示范县技术观摩示范培训班在宁晋举行，项目实施单位唐山、沧州、衡水、邢台、邯郸 5 市农业（牧）局主管局长、技术推广站站长、30 个一般示范县农业（牧）局主管局长，技术站站长及省农业厅、河北省农林科院相关技术人员、宣传人员共计 95 人参加此次培训。河北省农林科学院院长王慧军出席会议并讲话。与会代表参观观摩了渤海粮仓宁晋县核心示范基地、宁晋县西城区农业推广服务站、宁晋县小麦–玉米限水稳产科技集成创新与示范基地、国家农业产业化龙头企业玉峰实业集团。在宁晋县核心示范基地，河北省农林科院粮油作物所贾秀领研究员向与会代表介绍了宁晋县基地的建设背景、项目思路、技术效果、示范带动情况等。代表们考察了百亩方开展的不同模式微灌水肥一体化的应用效果，微灌小麦水分、养分吸收规律及节水节肥技术的试验小区以及千亩方农户应用微灌技术的示范效果。

2017 年 6 月，组织召开渤海粮仓科技示范工程主体技术示范推广培训班。省农业技术推广总站站长崔彦生站长出席会议，项目实施单位唐山、沧州、衡水、邢台、邯郸 5 市农业（牧）局主管局长、技术推广站站长、30 个一般示范县农业（牧）局主管局长，技术站站长及省农业厅、省农科院相关技术人员、宣传人员共计 115 人参加此次培训会。会上，崔彦生站长对渤海粮仓建设推广成效进行了总结："渤海粮仓科技示范工程启动以来，我省推广系统在项目办的领导下，切实做好各级技术推广工作，示范带动效果显著。"并提出 2017 年是渤海粮仓项目的收官之年，为抓好项目落实，系统总结 5 年来的工作成效，对今后推广工作提出三点要求，一是提高重视，抓好落实。各项目县应继续对渤海粮仓项目给予高度的重视，将此项工作，放在本地农业工作的重要位置上，将工作做细做扎实。二是依规依制，使用经费。2017 年，各项目市县按照本地实际情况，申报了用款资金使用计划，各项目分管局长、技术站长，要严格按照财务管理制度及《河北省渤海粮仓科技示范工程省级财政专项资金管理办法（试行）》的要求，按照科目划分和支出进度，完成年度项目实施工作，并做好经费决算和审计的准备。三是组织技术培训，辐射带动。各位技术人员要结合农时，做好本地区的技术培训。在五大模式区，落实小麦、玉米、水稻、谷子、杂粮等作物技术示范，带动技术落地，辐射带动全省农技推广落实到位。

根据统计，30 个主体技术示范县（市）5 年间共开展培训、观摩、指导活动 480 次，培训人员 86 375 人次，发放培训材料 91.54 万份，在电视、报纸等媒体开展宣传培训等 61 期（次）。沉下身子，把科技送到田间地头，把服务送到龙头企业、种养大户，我省农业技术推广人赢得广泛的社会赞誉。

河北省农业技术推广人致力于把科研创新的根深深地扎在燕赵土地，让科研更有活力，新品种、新技术快速走入农家，用科技创新成果照亮农民奔小康之路。